JN154918

question 1
海はなぜ青いのですか？ ➲p2

●沖縄の青い海●

青い海は“きれいな海”の象徴。しかし無色透明なはずの海水がなぜ青く見えるのでしょう。これには人の目に入ってくる光の波の長さが関係しています。

question 4
海洋で起こる水の大循環とは，どのようなものですか？ ➲p9

●コンベヤベルト●

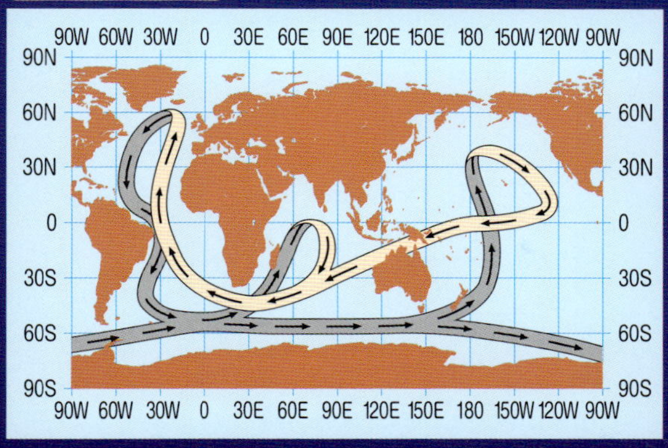

表層の海水が高緯度で沈み込み，地球規模の長い旅を経て，再び上昇する。この地球規模で起こる大きな循環をコンベヤベルトといいます。

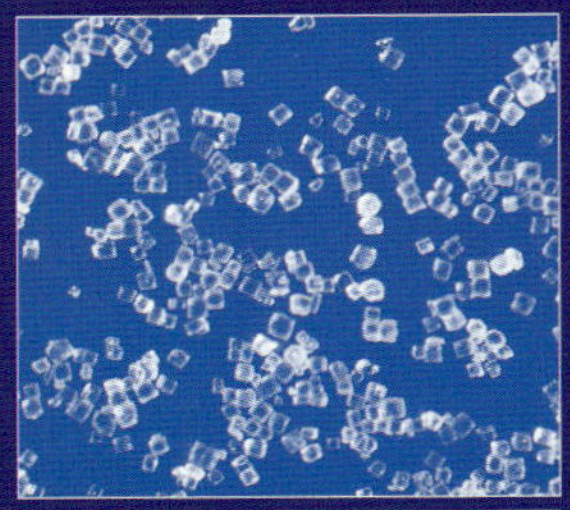

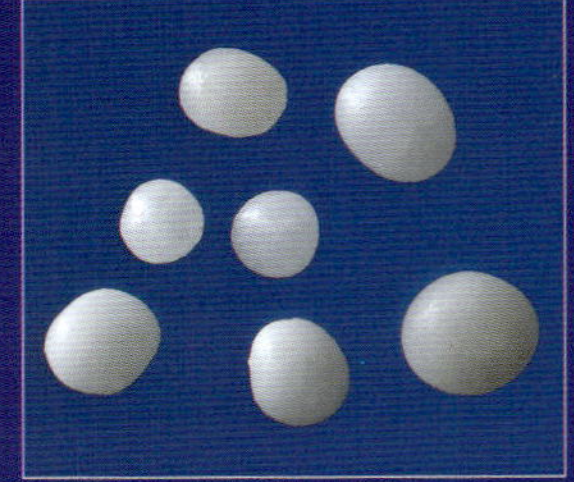

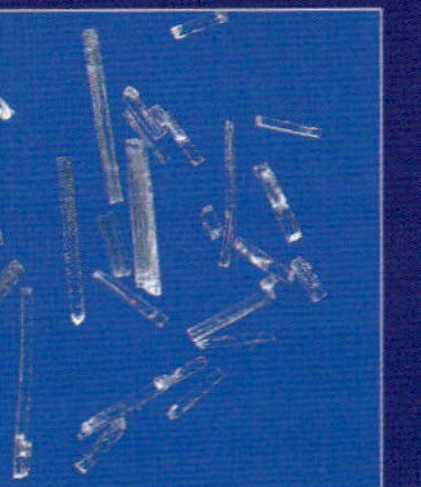

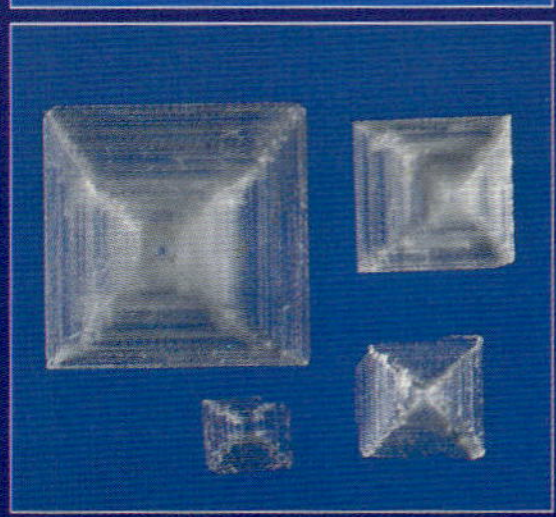

写真提供：たばこと塩の博物館

question 16
作り方が違うと性質の違った塩ができるのですか？ ➡p55

塩化ナトリウムは，その基本的な形はサイコロ状です。しかしその作り方を工夫することによって，球状や針状，四角形，中華鍋のような形をしたものができます。

•さまざまな形をした塩結晶•

写真提供：たばこと塩の博物館

question 21
岩塩はどのようにしてできたのですか？ ➡p72

大陸が移動したことによって海が閉じ込められると広大な塩湖ができます。この水が干上がったあとにできる岩塩はさまざまな用途で活用されています。

•ボリビアのウユニ塩湖•

●スペイン南部にある海水淡水化施設●

写真提供：ミツカン水の文化センター
撮影：賀川督明

question 24

海水から作った真水を生活や農業に使っているところがありますか？

➔p83

ひと１人が使用する水の量は１日当たり 300 ～ 400 ℓといわれています。海水をこれに充てることができれば非常に便利ですが，実際はどうなのでしょうか。

● 人工海水を使用した巨大水槽 ●

写真提供：京都水族館

question 29 人工海水って天然の海水とどのように違うのですか？

➡ p103

海から遠く離れた場所で，主に海洋生物の飼育などに活用されている人工海水。どのように作られ，利用されているのか見ていきましょう。

question 31 海の中でマングローブやアマモが枯れないのはなぜですか？

➡ p109

一般的な植物は，海水のような高塩分下におかれると，吸収力が低下し，葉に十分な水分を供給できなくなります。にもかかわらず，マングローブやアマモが海の中でなぜ枯れないのでしょうか？　その仕組みを見ていきます。

● 沖縄県西表島のマングローブ ●

question 33
深海は生物も棲まない暗黒の世界なのですか？

➡p117

光がほとんど届かない深海の世界。食物連鎖の出発点となる植物もいない砂漠のような環境にもかかわらず，近年，さまざまな生物の営みが発見されています。

●熱水噴出域の生物群集●

写真提供：海洋研究開発機構

question 34
海底に眠る鉱物資源には，どのようなものがありますか？

➡p119

地球の表面積の７割を占める海洋には，鉱物資源が豊富に存在しています。現在，世界の主要国ではこれをめぐり急ピッチで探査活動が行われています。その様子を見てみましょう。

●海底資源●

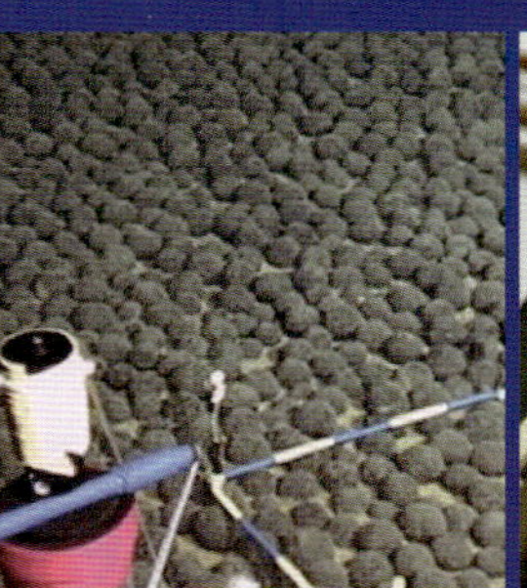

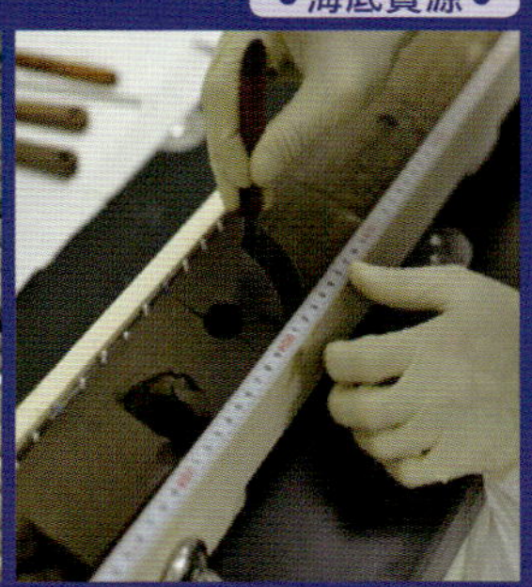

写真提供：海洋研究開発機構

question 35

海の底にあるといわれる「燃える氷」の正体は何ですか？

➡ p122

エネルギー資源として期待されているメタンハイドレート。世界各地の海底地中や永久凍土層に眠っています。特に化石燃料の乏しい日本にとっては魅力ある資源で，これを利用するための研究が日々進められています。

●燃える氷●

シャットネラ アンティカ

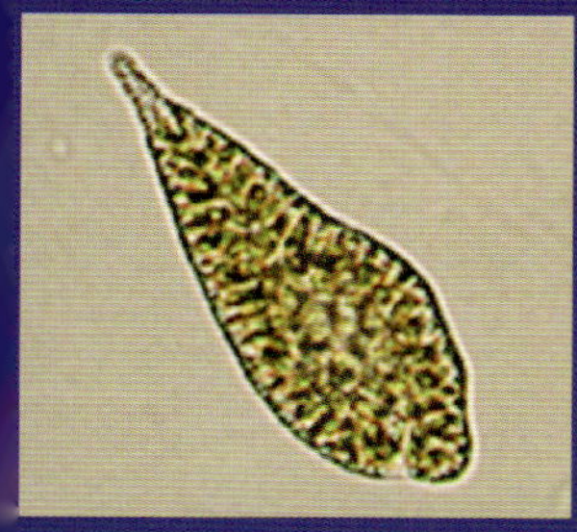

シャットネラ マリーナ

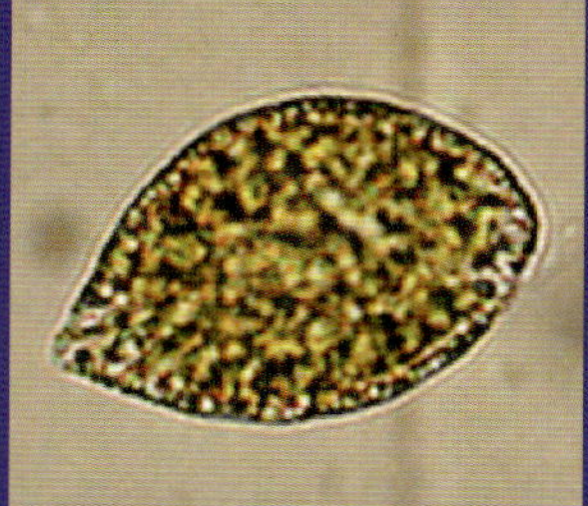

シャットネラ オバータ

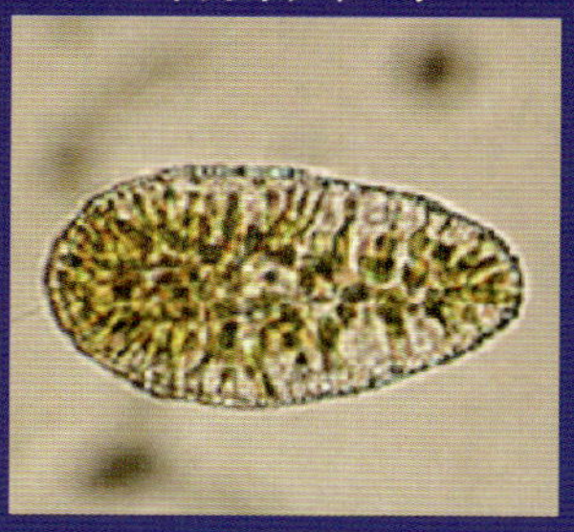

question 38
「赤潮」や「青潮」の正体は何ですか？

➡ p135

時として魚介類を大量にへい死させ水産業に甚大な被害を及ぼす赤潮や青潮。その正体と発生する原因を追究していくことで，発生を抑制し，被害を最小限に止めることに繋がります。

●赤潮プランクトン●

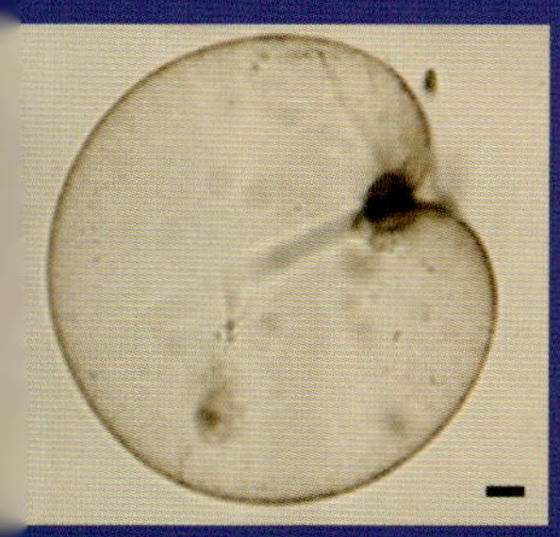
ノクチルカ シンチランス

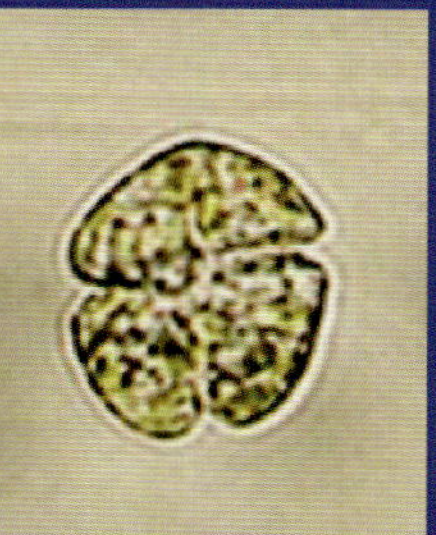
カレニア ミキモトイ

コクロディニウム ポリクリコイデス

question 39 「磯焼け」とはどのような現象ですか？

➲ p140

海の中の浅い海底には「藻場（もば）」とよばれる海藻の森が広がっています。ところが，さまざまな要因により藻場が衰退し，消失して長期間戻らない現象が起き，深刻な問題となっています。これを「磯焼け」といいます。

●ウニの食痕●

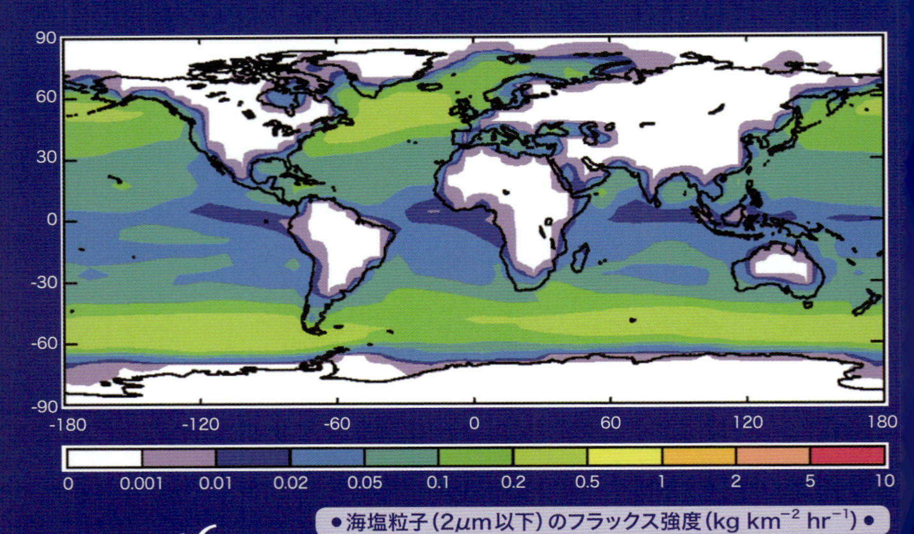

●海塩粒子（2μm以下）のフラックス強度（kg km^{-2} hr^{-1}）●

question 46 塩害とはなんのことで，どうやって塩が運ばれてくるのですか？

➲ p165

建物を腐食させたり，農作物に生育障害を及ぼす塩害。海塩は粒子となって大気中を漂い内陸地にも運ばれます。図のように，特に風が強い中高緯度で海粒粒子の強度が高くなります。

みんなが知りたいシリーズ④

海水の疑問50

日本海水学会　編
上ノ山 周　編著

成山堂書店

はしがき

1841年正月に，土佐の漁師であった中浜万次郎（14才）の乗ったカツオ漁船は，暴風雨に遭い，海流に乗って鳥島に漂着しました。鳥島は八丈島と小笠原諸島の間にある島です。万次郎と仲間4名は，雨水で喉の渇きを，渡り鳥アホウドリを捕獲して飢えをしのぎ，約5か月後にアメリカの捕鯨船ジョン・ホーランド号（船長：ホイットフィールド）に救助されました。万次郎はアメリカで暮らし，捕鯨船の上級船員の資格をとりましたが，鎖国時代の日本に，すぐには帰れませんでした。万次郎は船員となって世界を廻りました。万次郎が，沖縄から密かに日本に入り，土佐の母親に会えたのは遭難から12年後（1853年）のことでした。そこから，ジョン万次郎（ジョン・マン）は日本の開国や近代化に偉大な貢献をすることになります。

1854年7月8日に，浦賀沖にペリー総督の乗った黒船が現れ，幕府は大混乱に陥ります。当時，日本で英語の一番できた万次郎は，幕府の通訳を担当しました。1859年には英会話集を刊行しています。翌年，勝海舟や福沢諭吉とともに使節団のメンバーとして咸臨丸に乗ってアメリカに向かい，アメリカでのジョン・マンの両親と言えるホイットフィールド夫妻に再会します。

さて，万次郎が生きた時代には，気象予報のための衛星も飛んでいませんし，逆浸透膜を使った海水の淡水化技術もありませんでした。造船や航海の技術も今とは比べものになりません。海流や渡り鳥の詳細も不明でした。ましては海中あるいは海底の資源のことなど想像もしなかったと思います。

日本は四方を海に囲まれている島国で，周囲にはいくつもの海流が流れています。この環境にあって日本は海について独特の知識と知恵を蓄えてきました。例えば，塩つくりの技術は，揚浜式塩田，入浜式塩田，流下式塩田，そしてイオン交換膜法製塩と移り変わり，塩の製造コストを下げつつ，塩の純度を上げてきました。海への挑戦から得た先人の知識や知恵を学んで，私たちは未来への指針を得ることができます。

本書では，海水についての50の疑問を専門家がていねいに答えをつくっています。読者の皆さんに大いに学んでもらい，海から恵みをもらいながらも，その海を守るという志を立ててもらいたいと思います。私も本書から学びます。本書をジョン・マンに届けたとしたら，ジョン・マンはグーリブー（good book）と言ってくれたと思います。

2017年7月

日本海水学会 会長

斎藤恭一

執筆者一覧（五十音順）

執筆者		担当
天野　未知	………	Q45
石川　匡子	………	Q18
大井　健太	………	Q13　Q14
尾方　昇	………	Q21
尾上　薫	………	Q10
角田　出	………	Q31　Q48　Q50
喜多村　稔	………	Q33
久保田　雅久	………	Q4　Q5
黒田　芳史	………	Q40　Q41
小山　次朗	………	Q49
齋藤　隆之	………	Q27
佐藤　義夫	………	Q12　Q47
菅原　武	………	Q35
鈴木　勝彦	………	Q34
須藤　雅夫	………	Q36
千賀　康弘	………	Q1　Q2　Q3
髙瀬　清美	………	Q30　Q32
竹松　伸	………	Q6　Q7　Q8　Q9
太齋　彰浩	………	Q39　Q44
多田　邦尚	………	Q42　Q43
谷口　良雄	………	Q22　Q23　Q24
土井　宏育	………	Q29
中西　康博	………	Q25
野田　寧	………	Q37　Q46
橋本　壽夫	………	Q19　Q20
長谷川　正巳	………	Q15　Q16　Q17
比嘉　充	………	Q28
藤田　大介	………	Q11　Q26
本田　恵二	………	Q38

目　次

section 4　気象・海象の疑問

section 5　海の環境の疑問

section 1
海の疑問

海はなぜ青いのですか？

question 1

Answerer 千賀 康弘

沖縄やハワイの海を紹介するテレビ映像では「青い海」が映し出されています。海の中から海面を見上げた映像でも「海が青く」映っています。この「青い海」は「きれいな海」の特徴で，「水」自体の性質から生じています。

人が「色」を識別するのは，眼に入ってくる光の波（電磁波）の長さ，すなわち波長の違いを感じ取っているからです。人の眼で見ることのできる電磁波を可視光と呼びます。太陽からはさまざまな波長の電磁波が地球に届きますが，この中で，最も強度の大きい部分が可視光であり，波長の短い方から紫，藍，青，緑，黄，橙，赤の順に見えます。これは虹の色の順番で，雨上がりに見えるきれいな虹（主虹（しゅこう））は内側から外側に向かって紫～赤の順に現れます。

さて，きれいな海に潜って下から海面を見上げたとき，海面が「青く見える」理由は，水分子が青色に比べて赤色の電磁波を吸収しやすく，水中を長く進めば進むほど赤の強度が減少（減衰）し，水深 10m より深い水中では紫～藍～青～緑までの光しか届かないためです。水中での光の減衰は，図のように赤は大きく，紫～青は小さくなっています。赤い光は水中を 7m 進む間に 1/100 に減衰してしまいます。一方，青い光は同じように 1/100 に減衰するまでに約 200m 進みます。

沖縄やハワイの海が青く見える現象には，水が赤色を吸収する性質とともに，「白い」砂浜が関係しています。「白色」はすべての可視光をほぼ均等に散乱するために白く見えます。海水がきれいで白い砂浜の浅い海では，海面から入った太陽光が，海底まで到達して，海底の白い砂で散乱して方向を変え，再び

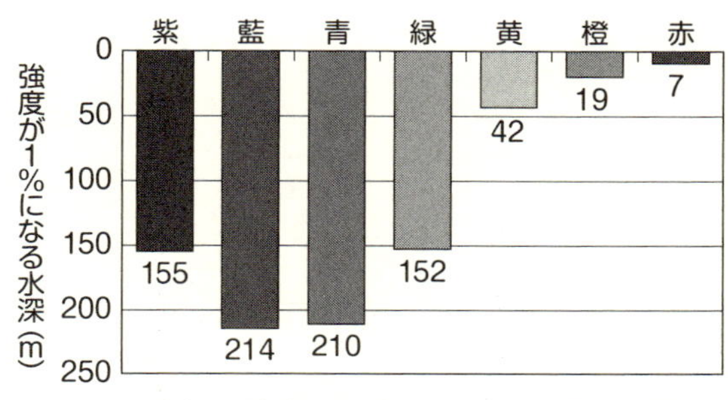

図 1-1　単色光が海表面から海中に進むときに海面の強度 1% になる深度

図 1-2　沖縄の海。白い砂浜により海が青く見える

海面から出て眼に届きます。この海水中を往復する間に赤色光だけが水に吸収され，結果として目には「青い海」が見えます。

きれいな海水であっても，白い砂浜がなく，深い海だったらどうでしょう？　この場合には，海水中で光が方向を変えることがなく，海面から入った大部分の可視光が海中に消えていきます。この結果，目には海面から戻ってくる光がほとんどなくなり，暗く，すなわち「黒っぽく」見えます。これが「黒潮」です。黒潮は本州南岸の水深 1,000m 以上の深い海の上層を流れるとてもきれいな海水の流れです。

海の色が場所によって違って見えますが，どうしてですか？

question 2

Answerer　千賀 康弘

「海の色」は，太陽からの光が海面に当たって，その一部が散乱されて眼に届く光と，いったん海中に入って海中の物質によって「散乱」されて，再度海面から出てきて眼に届く光の和です。海水はほとんど透明ですから，海面で散乱する光はほんのわずかで，海の色にはほとんど関係しません。一方，海中に入った光を散乱させる物質（粒状の物質）は，水分子，植物プランクトン，海底の砂などさまざまです。また，河川から流れてくる生活排水の一部のように，海水中に溶けている物質（溶存物質）も含まれています。こうした物質の多くは，特定の波長の光を「吸収」し，吸収されなかった残りの光が「色」として見えてきます。**Q1** できれいな水が青く見えることと同じです。きれいな水の中で最もよく伝わる「青い色」は約 200m で 1/100 になります。したがって，水深 100m の水中ですべての光が 100%反射して海面に戻ってきたとき，海面では青い光も 1/100 になっています。したがって「海の色」に反映される光は，表面からせいぜい 30m までの深さから散乱されて戻ってくる光です。この深さに含まれる主な粒状の物質は，植物プランクトンや小型の動物プランクトン，および小さな砂粒などです。

植物プランクトンの種類で「海の色」が変わる

植物プランクトンにはたくさんの種類があり，大きさも 0.001～1mm 程度とさまざまですが，いずれも光合成を行うための緑色の色素「クロロフィル a」を持っています。この色素は青と赤の光を吸収し，緑色を吸収しないため，緑色だけが散乱されます。この結果，植物プランクトンが増えると海の色は緑色

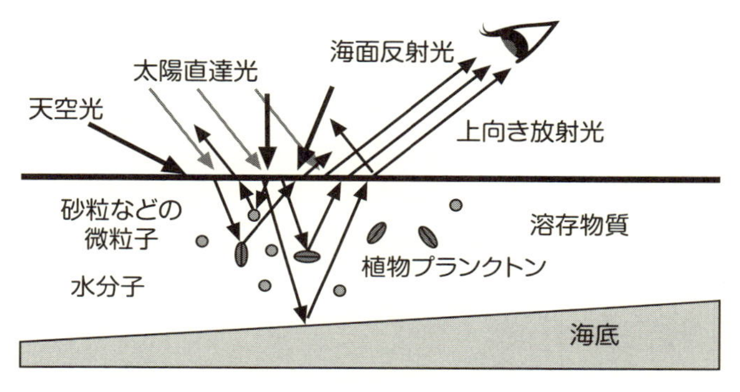

図 2-1　海の色を決めるのは太陽の光と海中の物質

に見えるようになります。しかし植物プランクトンはクロロフィル a 以外にも，種によって固有の色素を持っています。沿岸域では青～緑の光を吸収する植物プランクトンが多く，このようなプランクトンが増えると海の色は赤茶色に見えます。この極端な例が赤潮です。赤潮（**Q38 参照**）が発生したときには，海水 1ml の中に 1 万個以上の植物プランクトンがいることもあります。白色の殻を持った円石藻はしばしば 100km^2 以上の広い範囲で大発生することがあります。この種類が増えると，海の色が乳白色に見えます。動物プランクトンも海の色に関係しますが，植物プランクトンに比べるとその量が少なく，また日中は深いところに移動して，夜になると海面近くに上がってくる性質を持つものが多く，海の色への影響はわずかです（夜光虫のように赤潮の原因になる動物プランクトンもいます）。

砂粒などの微粒子や海底の土質などでも変わる

河口付近では海の色が黄土色に見えることがあります。強風が吹いた後の海岸近くの海も，しばしば灰色～黄土色に見えます。これは河川からの土砂や海底の土砂が巻き上がり，この土砂によって海表面のすぐ下で光が散乱した結果です。砂自体に色がついている場合には一部の光を吸収するため，砂の色が反映されます。

海岸近くのように 30m よりも浅い海では，光が海底まで届きます。この場合の海の色は海底の色を反映したものとなります。サンゴ礁の海のように白い砂浜が広がっているところでは，**Q1** で説明したように青い海が見えます。しかし，日本の海岸では茶色～黒い砂が多く，このような浜辺では海の色も黒っぽく見えています。

海には河川を通してさまざまな有機物や無機物も運び込まれます。有機物は海に運ばれると複雑に変化し，その多くが光の短波長成分を吸収する性質を持ちます。この結果，海水中に溶存する有機物が多くなると紫～青色が吸収され，海の色は黄色を帯びて見えます。

海はとても広いですが，海水はどのくらいありますか？

question 3

Answerer 千賀 康弘

地球全体の海水の量を計算するために，まず，海の平均の深さを考えてみます。海の表面積は約3億6,300万km^2，地球表面の71.1％を占めています。ここに含まれる水の体積は海を細かく分割して面積と深さを掛け算して合計すると，約13億5,000万km^{3}となります。この値を海の表面積で割り算した海の平均の深さは3,730m，富士山の高さとほぼ同じぐらいです。地球上の海で最も深いところは太平洋マリアナ海溝で10,920mです。

数字が大きすぎて分かりにくいと思いますので，少しスケールを小さくして，**図3–1**のような半径17cmの地球儀で考えましょう。地球の半径は6,400kmですから約1/3,800万です。この地球儀上で海の平均の深さは3,800m/3,800万＝0.0001m＝0.1mmとなります。これは一般的なコピー用紙の厚さとほぼ同じです。この地球儀上での海の面積は$0.711 \times 4 \times \pi \times 17 \times 17\text{cm}^2 = 2{,}580\text{cm}^2$となり，これはA4用紙（面積$21\text{cm} \times 30\text{cm} = 630\text{cm}^2$）4.1枚の面積となります。すなわち，この地球儀上で，海水の総量はA4用紙4.1枚分です。これを丸めてできるだけ小さくしてみてください。ちょうど，日本列島の長さと同じぐらいの直径の紙ボールになるはずです。地球の大きさから比べると海水の量がごくわずかであることが分かると思います。なお，海水は地球上の水の約97.4％を占めています。残りの2.6％は氷河や地下水です。大気中にも水が含まれますが，この量は地球上の水全体の約0.001％程度です。

図 3-1　地球上の海水の全量

参考文献　1) 国立天文台編：理科年表 平成 29 年，丸善出版（2017）
2) 国立天文台編：環境年表 環境編 平成 29-30 年，丸善出版（2017）

海洋で起こる水の大循環とは，どのようなものですか？

question 4

Answerer 久保田 雅久

大循環というとどの程度の大きさの循環を想像するでしょうか？　ここでは小さくても太平洋，大西洋，インド洋程度の大きさの循環を大循環と考えることにしましょう。

このような大洋規模の循環を構成しているのが，いわゆる海流と呼ばれている流れです。多少の例外はありますが，大体いつも同じような場所を同じような方向に流れている，比較的強い流れが海流と呼ばれています。この海流の中には，皆さんもよくご存じの黒潮や親潮も含まれています。これらの海流をつなぐことによって，大きな循環を描くことができます。

時計回りの循環，反時計回りの循環

たとえば，北半球の太平洋の中緯度域で，皆さんが黒潮に乗って流されたとしましょう。そうすると，皆さんは黒潮，そしてそれに続く黒潮続流に乗って沖合に流され，さらに北太平洋海流によってアメリカ西岸付近に達します。その後は，カリフォルニア海流に乗って南下した後，北赤道海流によって太平洋を東から西に横断し，黒潮の源流域といわれているフィリピン沖に達します。そして，再び黒潮に乗って日本付近に戻ってくるのです。このとき時計回りの循環は，亜熱帯循環と呼ばれています。また，北太平洋には，その北側にも大きな循環が存在しています。ただし，北側の循環は，亜熱帯循環と違って反時計回りの循環です。もちろん，この循環を構成している海流は，亜熱帯循環を構成している海流とは別で，親潮，亜寒帯海流（あるいは西風海流），アラスカ海流，東カムチャッカ海流が，主にこの循環を形成しています。

こういった循環は北太平洋だけではなく，他の海洋，たとえば北大西洋でも見ることができます。これは，循環の成因が共通しているからですが，こちらは**Q5**を参照してください。また，黒潮やアメリカ東岸を流れる湾流のような非常に強い海流は，必ず海洋の西岸付近にあるという興味深い特徴にも気がつきます。このような流れは，西岸境界流と呼ばれています。

その海域特有の海流がある

ところで，ここまでにお話しした，海洋の循環を構成している海流とは別に，その海域に特有ないくつかの有名な海流があります。最初の例は，アラビア海沿岸を流れるソマリア海流です。この海流は季節によって流れの向きがまったく逆になるのです。それは，この海流の向きが，その上空を吹く季節風によって支配されていて，季節風の向きが夏と冬で逆転することが原因なのです。

次の例は，赤道潜流（せきどうせんりゅう）です。ここまでお話ししてきた海流は，すべて表面を流れている海流でした。また，流れは一般に深くなるほど弱くなるので，一番強い流れは表面にあるのが普通です。ところが，赤道では深さ200～300mに，表面の海流とは違う性質，場合によってはまったく逆向きの非常に強い流れが存在することが，1950年代に明らかになりました。この流れは赤道潜流と呼ばれています。

最後の例は，南極周極流（なんきょくしゅうきょくりゅう）と呼ばれている海流です。この海流は，南極の周りを東向きにぐるっと一周している海流です。この海流は，表面の流速だけでしたら，黒潮や湾流と比べてそれほど大きくないのですが，流量では世界一大きい海流です。というのも，この海流が存在する高緯度域では，海面から海底まで水温があまり大きく変化していません。そこで，強い流れの構造が，深いところまで及ぶことになります。また，この海流の幅は，黒潮などに比べて非常に広いこともあり，その流量は黒潮や湾流の３倍にもなるのです。

深層を含めた大きな循環がある

海流の強さは，一般的に表面が一番強く，深さとともに小さくなるのが普通です。たとえば，黒潮のような強い海流でもせいぜい1,000mまでしか，その影響は及んでいません。それでは，深海には流れはないのでしょうか？　百年ほど前には，深海は流れのまったくない静かな世界だと考えられていました。しかしながら，観測事実が蓄積されるにつれて，深層にも流れが存在することが分かってきました。もちろん，表層のような強い流れではありませんが，多くの海域の深海で一定の方向に，海水は流れているのです。そして，流れが最も弱いところは海底ではなく，中層あるいは中深層と呼ばれる，海面と海底の途中に存在するようです。海面と違って，海の中の流れを測るのは容易ではありません。そのため，深海での流れの全容（深層（しんそう）循環（じゅんかん））を観測事実だけから解明することは，今でも難しい問題です。

そこで，深層循環については，理論的な研究や数値モデルを用いた研究が，大きな役割を果たしてきました。ところで，深層の海水はいったいどこから来るのでしょうか？　深層の海水は，非常に温度が低く，密度も大きいのです。海底から冷やされているわけではないので，このような冷たい海水ができる可能性のある場所を地球上で探すと，高緯度域であることが分かります。**Q9** の海水温度，あるいは密度の鉛直分布図からも分かるように，高緯度域では，海面で冷やされて重たくなった海水は，簡単に深いところまで落ちていくことができます。そして，周りの海水とまじわりながら深層に達した重たい海水は，水平的に移動をするのです。ただし，この流れも表層と同じように，各海洋の西側に強い流れを形成しています。深層循環の流れはそれほど強い流れではないので，表層での海流と違って特に名前はついていませんが，深層水は主に大西洋の高緯度域で形成され，南極の周りを回りながらインド洋，あるいは太平洋に流れ込むことが分かります。

ところで，海水が高緯度で沈み込むだけだとすると，高緯度の海水はどんどん減ってしまうことになります。現実には海水が減っていないのは，その分の海水が補われているからです。深層水は長い長い旅をすると同時に，ゆっくりと上昇をしているのです。そして，上層の海水と一緒になりながら，再び高緯度域に戻っていくのです。この地球全体の規模での大きな循環は，コンベヤベルトという名前で呼ばれています。**図 4–1**（口絵も参照）はこれを模式的に示したものです。戻っていく流れは，必ずしも表層の流れというわけではありません。むしろ，上層の海水と深層から上がってきた海水とが一緒になる中層付近に，その中心があると考えられています。それだけに，特定の強い流れの存在が知られているわけではありません。むしろ，

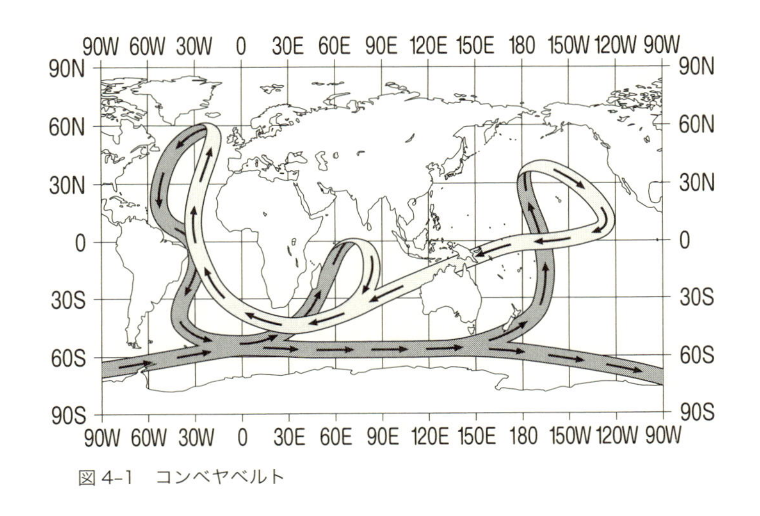

図 4-1　コンベヤベルト

広範囲での流れを集約した結果が，図に示されるような流れになると考えた方が良いでしょう。

この図から最も古い（ここでいう「古い」というのは，「海面から海中に入ってからの時間が長い」という意味です）海水は，沈み込んだ場所から最も遠い位置に存在する，北太平洋北東部の中層の海水であることが分かります。ここに到達するまでには 1500～2000 年かかるといわれています。ところで，このコンベヤベルトは，高緯度の冷たい海水と，中低緯度の暖かい海水を交換する役割を担っているといわれています。つまり，地球上の温度差を小さくする役割を果たしているのです。もし，このコンベヤベルトが止まってしまったら，低中緯度の温度はどんどん上がり，高緯度の温度はどんどん下がってしまうと推測されます。このように大きな海洋の循環は，地球にとって人間の血液のような重要な役割を果たしています。ですから，地球温暖化によって，高緯度域での深層水の形成が不活発，あるいは停止しかけているという最近の観測結果は，我々にとって非常に重要なニュースなのです。

海流はどうして起こるのですか？

question 5

Answerer 久保田 雅久

「どうして」という言葉の中には，2種類の意味が込められていると考えられます。1つは原因です。もう1つは，そのメカニズムです。たとえば，静かな池に石を投げると波ができて，周りに広がっていきます。このとき，「波はどうして起きるのですか？」という質問に対する答えとして，「石が池に落ちたから」という答えが考えられます。これは原因に相当する答えでしょう。一方，「地球に重力があるから」という答え方もあります。こちらは，波が広がるというメカニズムに対する答えといっても良いでしょう。このような2つの側面は，いろいろな物事にも共通します。そこで，海流はどうして起こるのかという質問についても，この両者を区別して答える必要があります。

海上に吹く風と摩擦が海流を作る

まず，原因についてですが，**Q4**で説明された表層の海流（たとえば，黒潮など）の場合には，海上風がその原因です。逆にいえば，海面に風が吹いていないと，表層での海流は起きません。海上風も海流も運動ですから，簡単にいえば，海上を吹く風が持っていた運動エネルギーが，海流に変換されたということになります。

次に，メカニズムについてですが，これには摩擦が関係しています。海面を風が吹くと，空気と海水の間には摩擦が存在していますから，空気は表面の海水を自分と同じように動かそうとしますし，海水は空気に対して同じことをしようとします。このような大気と海洋の相互作用によって，確実に大気，すなわち海上風の持っていた運動エネルギーの一部は海面を通して海洋中に入ります。この大気海洋間の運動エネルギーの輸送を担っているのが，海面での波なのです。

さて，大気から海洋に輸送された運動エネルギーも，一瞬のうちに海洋全体に広がるわけではありません。最初は海面付近の海水が動き始め，その動きが徐々に海面より下の層に広がっていきます。このときにも重要なのは摩擦です。ただし，今度の場合には海水同士での摩擦です。海水はさらさらしているように見えますが，やはり摩擦があるのです。そこで，海面の海水が動けば，すぐ下の水を引きずって動かし，それが段々と深い層に広がっていくのです。ただ，摩擦の効果は運動を伝えるだけではなく，運動を減衰する役割もあるので，流速自体は深さとともに，小さくなっていきます。

また，地球が自転しているために，風の向きと流れの向きは一致していません。北半球では海面での流れは風の向きに対して右 45 度，南半球では左 45 度の方向に流れることが分かっています。また，流れの向きは水深とともに螺旋状に変化していきます。流れの速さが海面のほぼ 2.7 分の 1 になる深さまでの層をエクマン層と呼んでいるのですが，この層全体で流れを積分した結果はエクマン流量と呼ばれ，北半球では風下に対して右 90 度，南半球では左 90 度の方向を向くことが分かっています。

海には境界がある

さて，海上を吹く風の向きや風速は一定の大きさではありません。たとえば，北太平洋を考えても，低緯度では貿易風とい

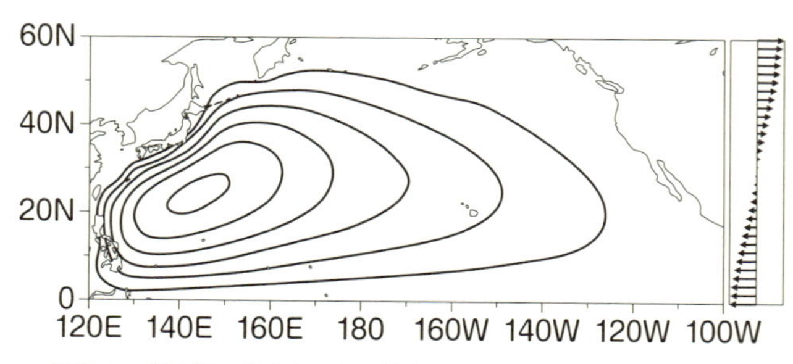

図 5-1　海上風の分布とそれに対応した海面の高さの分布
右図の矢印が風向と風速を，左図の等高線は海面の高さの分布を表す。また，等高線が混んでいるところは流速が大きい，すなわち強い海流を意味する
（宇野木早苗，久保田雅久：海洋の波と流れの科学，東海大学出版会（1996））

う東風が，中緯度には偏西風という西風が吹いています。そこで，低緯度ではエクマン流量は北向きに，中緯度では南向きになります。その結果，**図 5-1** に示すような東西風の分布を考えると，最も海水がたくさん集まる緯度は，貿易風と偏西風の境目の緯度になります。そして，その海水が集まる大きさは，境目の緯度から離れるにしたがって小さくなります。海面の高さが，この海水の集まる大きさによって決まるとなると，海面の高さも同じような分布になるはずです。しかしながら，海には境界があるので，最終的には図 5-1 に示すような横に長い渦状の分布になるはずです。

このような海面の高さから想像される海流はどのようなものでしょうか？　単純に考えると，中心から四方八方に向かって海水が流れることが推測されます。しかしながら，地球は自転しているので，実際の海流は，むしろ海面の高さの等値線に沿って流れます。これは，天気図などで風の向きを見ると，決して高気圧から低気圧に直接吹き込むわけではなく，基本的には等圧線に沿って風は吹き，少しだけ高気圧から低気圧に吹き出すような分布をしていることと同じ理由です。このような流れを地衡風，あるいは地衡流と呼びます。海面の高さは大気での気圧に当たるものですから，図のような海面の高さの分布に対しては，時計回りの循環ができます。これが，**Q4** に出てきた亜熱帯循環なのです。ただ，これではまだ海流の説明としては不十分でしょう。これだけでは黒潮のような流れ，いわゆる西岸境界流がなぜできるかを説明していないからです。

エクマン層の下の海ではどのような流れができるのか

エクマン層内での海水の収束・発散は，その下の層との海水の交換を起こし，その結果，エクマン層よりも下の層に流れが生じます。ここでの流れを決める大きな要因は流れの回転成分で，これは渦度と呼ばれます。渦度は流れと直交する方向に速度差があると存在します。一般に，海上風には速度差があるので，これは渦度が存在することに他なりません。また，地球は回転しているので，その地球の上に存在する海水ははじめから渦度を持っていることになります。ただし，この渦度は，地球が丸いために，緯度によって大きさが変わります。図のような海上風速分布に対して，風応力の渦度を計算すると，常に負の値であることが分かります。そして，この値と釣り合うように流れが存在するためには，流れは常に南向きでなくてはならないのです。このバランスはスベルドラップ平衡と呼ばれています。

もし，この流れしかなかったら，海水はすべて南に移動してしまうことになりますが，実際の海では，そのようなことは起きていません。平均すると，海面の高さはいつも同じですから，この南向きの流量と同じだけの流量が，どこかで北向きに存在することになります。これが黒潮のような西岸境界流なのです。つまり，境界があることによって，黒潮のような強い海流が，大きな海の西岸付近に存在することになります。このような強い北向きの流れは，東岸付近にあっても良いと思われるでしょうが，地球は東向きに回転しているので，強い海流は必ず西岸付近に形成されるのです。

まとめると，表層付近に存在する強い流れ，すなわち海流が形成されるおおもとの原因は，海上を吹く風です。風が吹いた結果として，海流ができるためには，海洋と大気の間，あるいは海水の中の摩擦の存在，そして地球が丸いことや地球が回転していること，さらには，海には境界があるなどといった，非常に多くの要素が関係しているのです。

海水はどのようにしてできたのですか？

question 6

Answerer 竹松 伸

海水は，火成岩（かせいがん）と揮発性物質（きはつせい）（原始大気）とが反応して生成しました。海水の全体積は約 13 億 5,000 万 km³ ですが，それを 1 ℓ と仮定すると，各物質の大体の量的な関係は次のようになります。

火成岩 ＋ 揮発性物質（原始大気）→
0.6〜1.5kg 1kg
海水 ＋ 堆積物 ＋ 空気
1 ℓ 0.6〜1.5kg 3 ℓ

揮発性物質は，地球が誕生したときに，ドロドロに溶けた岩石（マグマと呼ばれます）から蒸発して原始大気になったものです。水（H_2O）が主成分で，二酸化炭素（CO_2），塩化水素（HCl），硫化水素（H_2S）あるいは二酸化硫黄（SO_2），臭化水素（HBr），フッ化水素（HF），窒素（N_2）などが含まれます（**表 6–1**）。なお，揮発性物質（原始大気）には酸素は存在しませんでしたが，のちに光合成生物が出現して水（H_2O）から生成しました。揮発性物質としては，火山ガスを想定していますが，その量や組成は，現在地球表層に存在しているこれらの元素の化合物の量から，化学的物質収支によって逆算することができます。その結果，海水中に含まれる主要陰イオン〔Cl^-，SO_4^{2-}，HCO_3^-，Br^-，F^-〕は，揮発性物質が起源であることが分かっています。

火成岩は長石（ちょうせき），輝石（きせき），カンラン石などが主成分で，塩基性の塩です。つまり，基本的には，強塩基であるアルカリ金属あるいはアルカリ土類金属（Na，K，Mg，Ca など）と，弱酸であるケイ酸あるいはポリケイ酸から構成されています。揮発性物質は，ほとんどが酸性物質ですから，火成岩と揮発性物質の反応は，塩基性塩と酸性物質との反応ということになります。たとえば，曹長石（$NaAlSi_3O_8$）と塩化水素（HCl）との反応によって，海水の主成分である塩化ナトリウム（NaCl）ができました。

最初の海は弱酸性？

時を追って具体的に述べます。地球は微惑星の衝突によって生長しましたが，その衝突エネルギーによって，地球表層の岩石はドロドロに溶けました（この状態は，マグマ・オーシャンと呼ばれます）。そのとき，マグマから蒸発した物質が，揮発性物質（原始大気）と呼ばれるものです。微惑星の衝突が止むと，地表の温度が徐々に下がります。大気の温度が水の臨界温度（374℃）より下がりますと，水蒸気が水になって，塩化水素（HCl）が溶け込んだ塩酸の雨が降ります。この雨が貯まって最初は塩酸の海ができたという説が，現在大勢を占めています。

しかし，塩酸の雨は，降る端から速やかに海底の火成岩と中和反応を起こします。海水は，蒸発と降水を繰り返しながら少しずつその量が増えます。この蒸発・降水を繰り返すことによって地表の熱が宇宙に運ばれますが，約300気圧あったとされる水蒸気がすべて水になるのには，おそらく何百年とか何千年の時間が掛かったものと考えられます。したがって，最初にできたのは，塩酸の海ではなくて，アルカリ金属やアルカリ土類金属などの塩化物溶液の海の可能性の方が高いと思われます。その場合には，塩化物自身はほぼ中性ですが，60〜80気圧の二酸化炭素（CO_2）がありましたので，海水は弱酸性であった

表 6-1　火山ガスなどから推定された揮発性物質の組成（%）

H_2O	CO_2	S	N	Cl	F	B，Br など
90.8	5.0	0.4	0.7	1.8	0.4	0.7

ことになります。ちなみに，1 気圧程度の二酸化炭素が存在するビールの pH は 4 程度です。

陸での変化，海での変化

塩化水素（HCl）などの強酸性物質が火成岩との反応によって消費されて，雨水が中性に近づきますと，弱酸性の二酸化炭素（CO_2）が雨水に溶け，火成岩との反応の主役になります。その反応は，珪灰石（$CaSiO_3$）を火成岩の代表として表わせば，次のようになります。

＜陸では＞

$$CaSiO_3 + 2CO_2 + 3H_2O \rightarrow Ca^{2+} + 2HCO_3^- + H_4SiO_4 \quad (1)$$

＜海では＞

$$Ca^{2+} + 2HCO_3^- \rightarrow CaCO_3 \downarrow + CO_2 \uparrow + H_2O \quad (2)$$

$$H_4SiO_4 \rightarrow SiO_2 \downarrow + 2H_2O \quad (3)$$

地球誕生の初期には，大気中に 60～80 気圧あったとされる二酸化炭素（CO_2）は，(1)式の火成岩との反応によって，徐々に減少しました。それに伴って，海洋では炭酸塩が生物に関与せずに無機化学的に沈殿しました（現在の海洋では，炭酸塩は植物プランクトンの殻として沈殿します）。つまり，時間の経過とともにカルシウムイオン（Ca^{2+}）と重炭酸イオン（HCO_3^-）の濃度が高くなり，二酸化炭素（CO_2）の分圧が低くなりますので，(2)式の反応は右方向に進み，炭酸カルシウム（$CaCO_3$）が沈殿しました。ケイ素もオパール（SiO_2）として無機化学的に沈殿し，後に固化して緻密な堆積岩（チャートと呼ばれます）になりました。

生物の出現に伴う海水の変化としては，光合成生物〔シアノバクテリア（藍藻とも呼ばれます）〕の出現によって酸素が大気中に蓄積され始めたとき（約 20 億年前），陸上に存在した硫化物（たとえば，FeS_2）は酸化されて溶解し，海に流れ込み，海水中の硫酸イオン（SO_4^{2-}）の濃度が高くなりました。海水中の二価の鉄（Fe^{2+}）は，三価の鉄（Fe^{3+}）に酸化されて縞状鉄鉱層（鉄鉱山として利用されています）として沈殿しました。また，珪藻（白亜紀あるいはそれ以前）や放散虫（カンブリア紀）の出現により，海水中のケイ酸（H_4SiO_4）の濃度は，先カンブリア紀の 120ppm から現在の値（6ppm）に減少しました。

現在の組成になった時期は

海水がほぼ現在の組成になった時期は約 20 億年前といわれていますが，この時期はすでに述べたように，光合成により酸素が大気中に蓄積し始め，陸上の硫化物の酸化・溶解により，海水中の硫酸イオン（SO_4^{2-}）の濃度が高くなったと想像される時期と一致します。証拠に基づいた説は，先カンブリア紀最後期（約 7 億年前）というものです。現在の海水を蒸発・濃縮したときの塩の晶出順序〔$CaCO_3/CaMg(CO_3)_2 \Rightarrow CaSO_4 \cdot 2H_2O/CaSO_4 \Rightarrow NaCl \Rightarrow$ [K，Mg］［Cl，SO_4]〕と同じ塩の晶出順序を持つ蒸発残留岩を，先カンブリア紀最後期（約 7 億年前）までたどることができることがその根拠です。なお，ある研究者は，現在の海水と同じ塩の晶出順序を持つ約 18 億年前の蒸発残留岩が存在すると主張しています。

海水にはどんなものが溶けていますか？

海水にはあらゆる元素が溶けていますが，イオンとして海水1kg当たり1mg以上含まれている元素を主要元素（表7-1），それ以下の元素を微量元素と呼びます。**表7-1**に示した11個のイオンで，塩分（溶存物質の総濃度）の99％以上を占めており，その組成はどこの海でもほぼ一定です。

深さ方向の成分分布には3つのタイプが

さて，海水中の元素の鉛直分布（深さ方向の分布）は，3つの型に分類できます（**図7-1**）。それぞれの型は，平均滞留時間とある一定の関係があります。平均滞留時間とは，元素が海に運び込まれてから堆積物として除かれるまでの時間で，海洋環境での元素の反応性の尺度で，人間でいえば平均寿命に当たるものです。つまり，粒子との反応性が高い元素は，速やかに海水から除去され，平均滞留時間は短くなります。元素の濃度は，一般的に，平均滞留時間が短いものが低くなります。

1番目の型は保存型あるいは蓄積型と呼ばれるもので，濃度は鉛直方向に一定で，元素の平均滞留時間が長い（10万年以上）ものです。先に述べた主要元素は，炭素（C）を除いて，この型に属します。2番目の型は栄養塩型あるいは循環型と呼ばれるもので，濃度が表層で低く，深くなるにしたがって高くなり，平均滞留時間は中間的（1千年～10万年）です。3番目の型はスキャベンジ型あるいは吸着・除去型で，鉛直分布は栄養塩型とは逆に濃度は表層で高く深層で低くなり，短い平均滞留時間（1千年以下）を示します。

保存型には，主要元素のほかに，モリブデン（Mo）やタング

表 7-1　海水中に含まれている主要なイオンの濃度（g/kg）

Cl^-	19.353	Mg^{2+}	1.294	HCO_3^-	0.142	Sr^{2+}	0.008
Na^+	10.76	Ca^{2+}	0.413	Br^-	0.067	F^-	0.001
SO_4^{2-}	2.712	K^+	0.387	$B(OH)_4^-$	0.032		

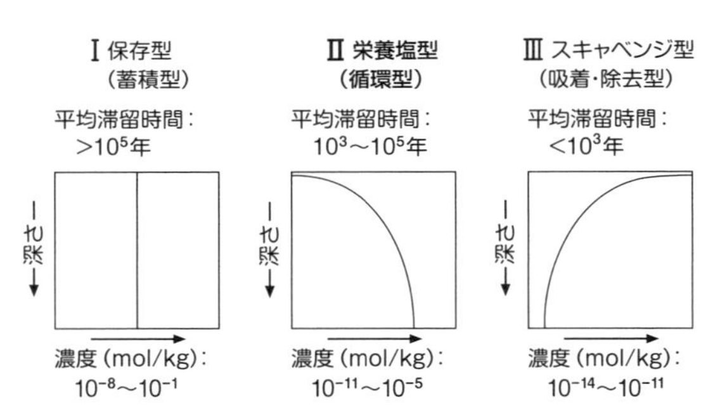

図 7-1　海水中の元素の鉛直分布の模式図

ステン（W）のように酸素と結合してモリブデン酸（MoO_4^{2-}）やタングステン酸（WO_4^{2-}）として陰イオンの形で存在する元素や，ウラン（U）のように炭酸ウラニル錯体〔$UO_2(CO_3)_3$〕$^{4-}$として錯陰イオンの形で存在する元素などが属します。

栄養塩型は，元素が表層で植物プランクトンに取り込まれ，沈降粒子（マリンスノー：海中をテレビカメラで見たとき，雪のように降っている粒子）として深いところに運ばれて，分解・再生されたときにできる分布です。栄養塩型の元素は，植物プランクトンが繁殖するために必要な元素で，窒素（N），ケイ素（Si），リン（P），鉄（Fe），銅（Cu），亜鉛（Zn），セレン（Se）などが属します。ゲルマニウム（Ge），ヒ素（As），カドミウム（Cd），バリウム（Ba），白金（Pt），銀（Ag）などもこの型に属しますが，これらは植物プランクトンが性質の似たほかの元素と間違って取り込んだものと考えられています。栄養塩型の元素は，主要元素に比べて非常に低い濃度を示します。たとえば，銅や亜鉛の濃度は，海水 1kg 当たり 0.1～0.4 マイクログラム（μg）（2～6 × 10^{-9}mol/kg）程度です。

最後のスキャベンジ型を示す元素は，粒子に吸着され易い元素で，マンガン（Mn）や鉛（Pb）のように酸化物を作り易い元素とアルミニウム（Al）やトリウム（Th）のように水酸化物を作り易い元素に分けられます。いずれも海水中の濃度が極めて低い元素です。たとえば，鉛の濃度は，海水 1kg 当たり 0.003μg（1.3 × 10^{-11}mol/kg）です。したがって，これらの元素が大気や河川を経由して海洋表層に供給されますと，その影響が大きく現れて，表層濃度が高くなるような鉛直分布になります。

微量元素濃度は，太平洋と大西洋では 2 倍以上異なる

太平洋と大西洋を比較すると，塩分（保存型の主要元素）は，大西洋の方が少し高い値を示します。一方，栄養塩型とスキャベンジ型の微量元素濃度は，両大洋で 2 倍以上異なります。**図 7-2** は，太平洋と大西洋におけるニッケル（Ni），リン酸塩およびケイ酸塩の鉛直分布です。いずれの元素も栄養塩型の分布を示しますが，大西洋よりも太平洋でそれらの濃度が 2 倍以上高くなっています。この現象は，「ブロッカーのコンベヤベルト」（**Q4 参照**）と呼ばれる海水の循環モデルによって説明できます。すでに述べましたように，栄養塩型の元素は，海洋表層で植物プランクトンに取り込まれ，沈降粒子として深層に

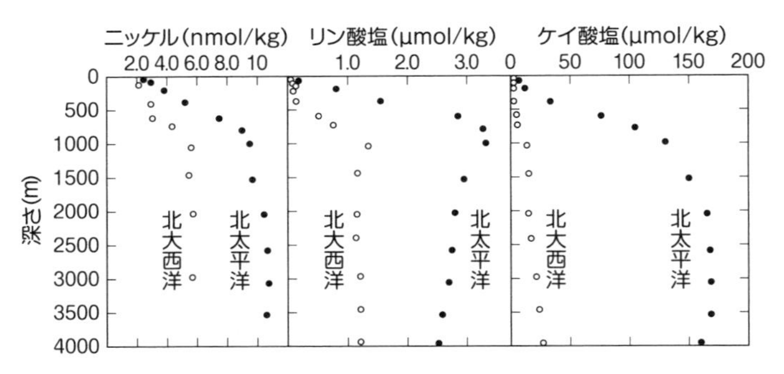

図 7-2　栄養塩型元素濃度の太平洋と大西洋における相違
(Bruland and Franks: Trace Metals in Sea Water, Plenum Press, pp.395-414 (1983))

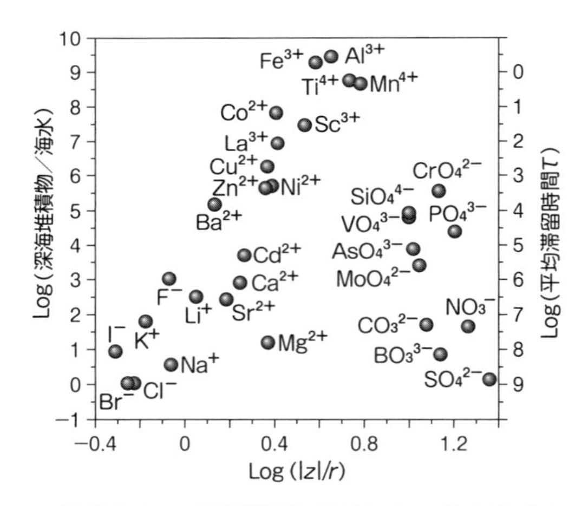

図 7-3　Log（深海堆積物 / 海水），Log（|z|/*r*）および Log（平均滞留時間）の関係。ここで，z および *r* は，それぞれ，イオンの価数および半径。

運ばれます。大西洋のグリーンランド沖で沈み込んだ表層海水は，深層を流れて南極海に達し，ウエッデル海起源の低温・高塩分の重い海水の補給を受けて，太平洋の深層を北上します。

その間，これらの元素は表層から沈降粒子によって供給されますので，大西洋→南極海→インド洋→太平洋の順に栄養塩型の元素の濃度は高くなることになります。スキャベンジ型の元素は，逆に，太平洋より大西洋で高い濃度を示します。それは，沈降粒子によってこれらの元素の吸着・除去が卓越するためです。

元素の平均滞留時間とは？

ところで，前述のような3種類の鉛直分布，海水中の元素の組成や濃度は，どのようにして決まっているのでしょうか？

一般的には，海水中における元素の反応速度によって決まると考えられています。その反応速度の指標として，平均滞留時間（τ）が定義されています。元素が堆積物として海洋から除かれる場合に対する平均滞留時間は次のように表されます。

平均滞留時間（τ_i）

＝〔海洋全体に含まれる元素 i の量〕/〔1年間に海洋から堆積物として除かれる元素 i の量〕

＝〔海水中の元素 i の濃度〕×〔海水の全量〕/〔堆積物中の元素 i の濃度〕×〔堆積物の堆積速度〕

したがって，元素 i の平均滞留時間（τ_i）は，〔堆積物中の元素 i の濃度〕を〔海水中の元素 i の濃度〕で割った値に反比例します。そこで，深海堆積物中の元素濃度を海水中の元素濃度で割った値の対数〔Log（深海堆積物 / 海水)〕とイオンの価

数（|z|）をイオン半径（r）で割った値の対数〔Log（|z|/*r*)〕の関係を，**図 7-3** に示します。|z|/*r* は，元素の化学的性質を表す最も簡単な指標で，一般的に，この比が大きくなると反応性が高くなると考えられています。Log（深海堆積物 / 海水）は，すでに述べたように，元素の平均滞留時間の指標です。海水中の陽イオン元素は火成岩の風化によって海洋にもたらされましたが，風化産物はやがて堆積物になります。

考え方としては，沈殿し易い元素ほど海水中の濃度が低く，（深海堆積物 / 海水）の比が大きくなり，平均滞留時間が短くなります。**図 7-3** において，（|z|/*r*）の比が大きくなるにしたがって，平均滞留時間が長いイオン性元素（Na^+，Cl^-など）から平均滞留時間が短い水酸化物あるいは酸化物を作り易い元素（Al^{3+}，Ti^{4+}，Mn^{4+}，Fe^{3+}など）が並びます。しかし，（|z|/*r*）がさらに大きくなると，元素は酸素を取り込みオキソ酸（あるいは酸素酸）〔CO_3^{2-}，NO_3^-，SO_4^{2-}，MoO_4^{2-}など〕と呼ばれる陰イオンになり，海水に溶け易くなり，平均滞留時間が長くなります。

この図によって，元素の化学的性質が平均滞留時間に反映されていることが明らかになりましたが，平均滞留時間には，このほかに，植物プランクトンや沈降粒子，海水の循環など海水中の元素濃度や分布を決めるすべての要素が総合されて含まれていることになります。

どうして海水は地中にしみ込んでなくなったりしないのですか？

question 8

Answerer 竹松　伸

基本的には，1年に数cmの速度で移動している「海洋プレート」という器が，海水が漏れ出るのを防いでいます。

海洋プレート最上部は，0.5〜1kmの厚さの深海堆積物と6〜7kmの厚さの玄武岩質岩石の海洋地殻からできています。深海堆積物は，主に，陸から河川あるいは大気経由で運び込まれたケイ酸塩鉱物，海洋表層で繁殖している植物プランクトンの遺骸であるオパール（SiO_2）や炭酸カルシウム（$CaCO_3$）などの微粒子で構成されています。深海堆積物の含水率は，表層では約55%と高いのですが，表面から100mでは，それより上にある堆積物の圧力によって絞り出されて約20%，1,000mでは約10%となります。含水率10%の状態とは，ナイフでも歯が立たないような硬い状態です。

なぜ0.5〜1kmの厚さかというと，深海堆積物は海洋地殻というベルトコンベヤに乗って常に移動しているからです。このベルトコンベヤは，中央海嶺（ちゅうおうかいれい）ででき，大陸地殻の下に沈み込みます（海洋地殻は大陸地殻より密度が高いため）（**図8-1**）。この海洋地殻は何枚かのプレートに分かれています。日本列島の下には，太平洋プレートとフィリピン海プレートという2つのプレートが沈み込んでいます。プレートが大陸地殻の下に潜り込むときに，堆積物の一部が削り取られて，大陸に付加されます（「付加体（ふかたい）」と呼ばれます。たとえば四万十帯（しまんとたい））。

プレートの移動速度は，1年に10cm程度です。したがって，海洋地殻が中央海嶺で生成して沈み込むまでに移動する距離を1万kmとしますと，1億年かかります。深海堆積物の堆積速度は千年に数mmですので，1億年に沈積する堆積物の厚さは数百 m となります。粗い計算ですが，これが堆積物の厚さが 0.5～1km になる理由です。

滲み込んだ海水は地表に戻ってくる

中央海嶺でできたばかりの玄武岩質（げんぶがん）の海洋地殻には，海水が少なからず滲み込みます。その結果，海水は，高温の海洋地殻（枕状溶岩（まくらじょうようがん））と反応して変質し，熱水として噴出します（海水−熱水循環）。その際に，海洋地殻に海水が間隙水（かんげきすい）として保持されることになります。したがって，海洋地殻や堆積物中に含まれる海水は，プレートの沈み込みに伴って海洋から除かれることになります。しかし，次のような過程で再び地表に戻ってきます。

沈み込み帯では，まず，海洋プレートが大陸地殻に押し付けられて付加体となり，堆積物中の間隙水は冷湧水として海底面に湧き出してきます。次に，沈み込み帯からマントルへ運び込まれた海洋プレート最上部（深海堆積物＋海洋地殻）は，高温・高圧の条件下で溶融し，マグマ（岩石の溶融体）として再び地表へ戻ってきます。

その際に，プレートの脱水・分解によって放出される水は，マグマ生成に重要な役割（融点降下）を果たした後，大部分は水蒸気として火山を通じて地表へ戻ります。マグマが冷えてできた岩石は，地表で物理的および化学的風化を受けて細粒化し，河川によって懸濁物（けんだくぶつ）として，また大気経由で風送塵（ふうそうじん）として，日々海洋に運び込まれています。

このように，すべての物質は，地表→海洋→海底→沈み込み

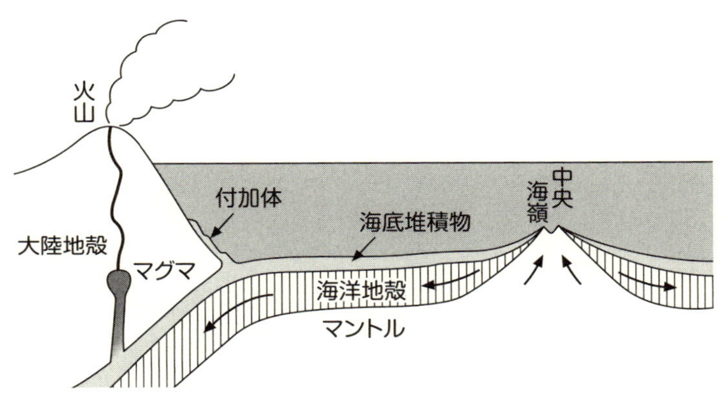

図 8-1　海洋プレート最上部（海洋地殻＋海底堆積物）の生成と消滅

帯→地表というような循環を繰り返しています。もし，このような循環がなければ，陸地はなくなり，海は埋まってしまうことになります。

海水の温度は場所や深さで違いがありますか？

question 9

Answerer 竹松　伸

図 9-1 は，西部太平洋の水温と塩分の南北断面を示しています。水深数百 m に等温線が密になっているところがありますが，ここが水温が急激に変わるところで，温度躍層（おんどやくそう）と呼ばれています。これより上では，大気循環の影響を受けた風成循環（表層海流）が起こっています。1,500m より深いところでは，温度は徐々に低くなり，塩分は徐々に高くなっていますが，底層の水温は 1℃（摂氏，以下同様）以下で，南から北に向かって高くなっています。それは，太平洋では低温・高塩分の深層水が南極方面から供給され，湧き上がっているためです。ここで，底層海水が，なぜ淡水の最大密度温度の 4℃にならないかを，淡水と海水を比較して考えてみます。

湖水の動き，海水の動き

図 9-2 は，塩分増大に伴う氷点と最大密度温度の変化を示しています。もちろん，純水の氷点は 0℃で，最大密度温度は 4℃です。塩分 24.7（g/kg）までは，最大密度温度の方が氷点より高いのですが，それ以上では逆になります。したがって，淡水湖では，大気の温度が低くなると，湖水の上下混合が起こり，水温が湖底までほぼ一様な混合層が形成されます。混合層の水温が最大密度温度の 4℃になった後，表面水がさらに冷えても対流（混合）は起こらず，表面から凍り始めます。つまり，湖水の表面が凍っていても湖底は 4℃ということが起こります。

一方，塩分が 24.7（g/kg）より高い海では，水温が低くなるほど，また塩分が高くなるほど密度が高くなりますので，表面からの冷却によって対流が生じ，海水は次第に深くまで冷え

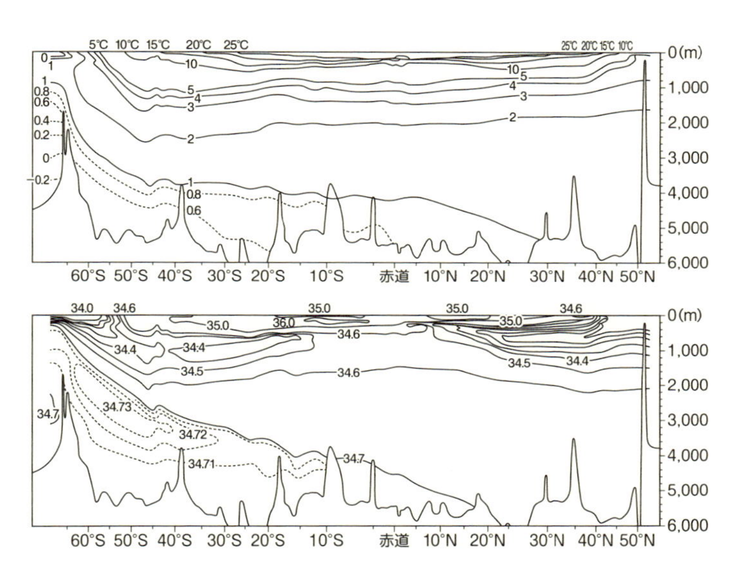

図 9-1　西部太平洋の水温（上）と塩分（下）の南北断面
（Craig et al.: GEOSECS Pacific Expedition, Vol.4, U.S Government Printing Office（1981））

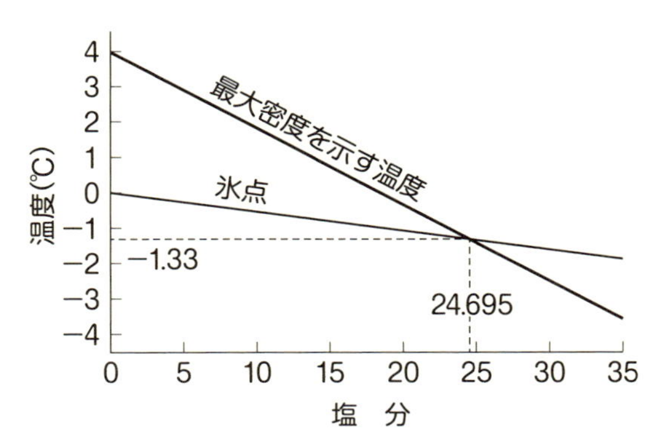

図 9-2　水の最大密度を示す温度および氷点の塩分依存性
（西村雅吉編：海洋化学-化学で海を解く，産業図書（1983））

ていきます。この対流は，海底あるいは大きな密度躍層（たとえば，オホーツク海）まで，海水全体が氷点になるまで続きます。そして，海水全体が氷点に達すると，表面から凍り始めます。たとえば，塩分 35（g/kg）の海洋では，海底まで全体がマイナス 1.91℃になって初めて凍ります。この際，塩分は氷の結晶の内部に入り込めないので，氷になって失われた水の分だけ塩分の高い海水（ブラインと呼ばれます）ができ，密度が高くなって，沈降します。底層には温度が低く塩分が高い海水が溜まりますが，密度が高いので，より深い海へと流れ出し，広がっていきます。

海洋循環モデル

深層水は，海域によって，マイナス 1℃～プラス 4℃の水温を示しますが，代表的な世界の深層水の水温は，1.1～1.2℃，塩分は 34.68～34.69（g/kg）です。

世界の中・深層水の水温と塩分の水平・鉛直分布は，「ブロッカーのコンベヤベルト」（**Q4 参照**）と呼ばれる海洋循環（熱塩循環）モデルによって説明されています。そのモデルでは，北大西洋のグリーンランド沖で冷やされて密度が高くなった表面水は，深層水として西岸に沿って南下し，南極環海に達し，ウエッデル海からの南極底層水と混合します。この混合水は，南極の周りを時計回りに循環しながら，太平洋，インド洋あるいは大西洋に流れ出します。なお，南極周辺域の深層水の代表的な水温は 0.7～0.8℃，塩分は 34.71～34.72（g/kg）で，上記の世界の深層水の代表値に比べて，温度が低く，塩分が高くなっています。これは，冬季のウエッデル海での結氷の結果です。南極環海から太平洋に流れ出した底層水は，湧き上がりながら北上します。**図 9-1** にその様子が現れています。世界中の海で，湧き上がってより上層の海水と混合した深層水は，やがて表層水や中層水として出発点のグリーンランド沖に戻ります。

なお，ここで示した水温は，ポテンシャル水温と呼ばれるものです。表面海水を深海底に運んで温度計を差し込むと，断熱圧縮のために，表面での温度よりも高い値を示します。海面に戻すと温度も元に戻ります。そこで，深さに関係なく直接比較できるように，圧力による効果を補正したものがポテンシャル水温です。たとえば，ミンダナオ海溝で観測された（現場水温，ポテンシャル水温）は次の通りです。

1,455m で（3.20℃，3.09℃），3,470m で（1.59℃，1.31℃），6,450m で（1.93℃，1.25℃），8,450m で（2.23℃，1.22℃），10,035m で（2.48℃，1.16℃）。

つまり，ポテンシャル水温は深さとともに低くなりますが，実際の水温（現場水温）は，深いところでは断熱圧縮のために，深さとともに高くなり，1 万 m では 2.5℃にもなります。

海水は弱いアルカリ性といわれていますが，なぜですか？

question 10

Answerer　尾上　薫

海水の pH（酸性・アルカリ性を示す数値で，7 未満が酸性，7 を越えるとアルカリ性）は，採取場所や深度によって異なりますが，北西太平洋亜熱帯域の表層では約 8.1 程度，1,000m の深さでは約 7.4 程度と最も低くなります。

海水は多くのイオンや分子を含む多成分水溶液であり，河川からの成分の流入を受けながら大気や海底と物質交換して，長い年月をかけて現在の組成で一定になりました。海水の pH を求めるには，大気中の二酸化炭素の海水への気液平衡および海水に溶存している成分の液相内の平衡に関する複数の式を連立して解く必要があります [1)]。

pH に関する簡単な目安としては，水溶液に酸化カルシウム（生石灰）のような塩基性酸化物が溶解したり酸素が光合成で合成されれば上昇し，二酸化炭素のような酸性酸化物が吸収されれば下降します。たとえば植物の炭酸同化作用で二酸化炭素が少なくなった湖水の pH は高くなります。ここでは海水の起源および大気中の二酸化炭素と pH の関連について述べます。

海水中の陽イオン，陰イオンの起源は

海水中の水は火山ガスの主成分である水蒸気（H_2O）が液化し貯蔵したものです。ナトリウムイオン（Na^+），カリウムイオン（K^+），マグネシウムイオン（Mg^{2+}），カルシウムイオン（Ca^{2+}）などの陽イオンの起源は陸または海底の岩石や鉱物です。

一方，塩化物イオン（Cl^-），硫酸イオン（SO_4^{2-}），炭酸水素イオン（HCO_3^-）など陰イオンの起源は，原始地球時代の脱ガスや火山ガス中の塩化水素（HCl），二酸化イオウ，（SO_2），

二酸化炭素（CO_2）です。水に対する溶解度が比較的大きい成分が陰イオンとなります。これらのイオン成分はさまざまなイオン対を形成しながら溶存しています。初期において塩化水素，二酸化炭素などの火山性ガスが溶解しながら地上に雨となって降り注ぎ，低いところにたまったものである原始の海の pH は強酸性と推定されます。その後，岩石の溶解，光合成による酸素の生成，生物の呼吸，金属の酸化，海底への沈殿などが生じ，大気および海水成分の濃度変化を経て現在の平衡状態に至っています。平衡状態では流体である大気および海水中の個々の成分の増加と減少速度が釣りあっています。

海水への二酸化炭素の溶解と pH の関係は

海水中では Na^+イオンや Cl^-イオンの濃度は pH 値のもととなる水素イオン（H^+）濃度に比べ 10^7 倍大きいです。また，水に二酸化炭素が溶解すると pH が下降する方向に移動しますが，高濃度の陽イオン，陰イオンが溶解する海水中では現象は複雑です。水溶液には陽イオンと陰イオンの電荷が等しいという法則があり，起源が異なる陽イオンと陰イオンが溶解する海水では，強電解質の陽・陰イオン以外に電荷のバランス維持に重要な役割を果たすのが炭酸系の成分です。

炭酸系の平衡式は(1)式に示すように大気中の $CO_2(g)$が水と反応して炭酸（H_2CO_3）を生成し，(2)，(3)式により炭酸の二段電離により炭酸水素イオン（HCO_3^-）および炭酸イオン（CO_3^{2-}）が生成し平衡状態を保ちます。

$$CO_2(g) + H_2O = H_2CO_3 \qquad (1)$$

$$H_2CO_3 = H^+ + HCO_3^- \quad 平衡定数 \quad K_1 \tag{2}$$

$$HCO_3^- = H^+ + CO_3^{2-} \quad 平衡定数 \quad K_2 \tag{3}$$

各成分の平衡時の濃度を［　］で表すと，水素イオン濃度［H^+］は，酸性下では(4)式，アルカリ性下では(5)式に対する依存性が高くなります。

$$[H^+] = K_1 \cdot [H_2CO_3]/[HCO_3^-] \tag{4}$$

$$[H^+] = K_2 \cdot [HCO_3^-]/[CO_3^{2-}] \tag{5}$$

現在の海水は(5)式を構成する炭酸水素イオンと水素イオンの中和や炭酸イオンへの電離により，CO_2 以外の小さな環境変動が生じても pH は 8 付近で安定しています。

pH 変化が及ぼす影響は

海水が大気中の二酸化炭素を吸収することによって pH が長期間にわたり低下する現象を海洋酸性化（酸性になることではありません）と呼びます。太平洋の表面海水中の pH は，1990 年から 2015 年までの期間で，10 年あたり 0.016 の割合で低下し，海洋酸性化が太平洋の広い範囲で進行しています [2)]。

表面海水における pH の低下は大気中の二酸化炭素濃度の増加，海面水温の上昇と相乗的に進行します。大気と海水間の CO_2 交換速度が変化することにより，現在の海の環境に適応した生理を持ち進化してきた水生生物の存続に影響を及ぼすことが懸念されています。

参考文献
1) 尾上 薫，三朝元勝：多成分水溶液系の平衡組成の計算とその応用，日本海水学会誌，51，p.358（1997）
2) 気象庁地球環境・海洋部，二酸化炭素と海洋酸性化に関する診断表，データ（2016 年 5 月 31 日発表）

海洋深層水って表層の海水とどのように違うのですか？

question 11

Answerer 藤田 大介

海洋深層水は，①低温性，②富栄養性，③清浄性，④水質安定性，に恵まれた海水として注目されています。これらの特徴を理解するためには，海洋の構造，水温・栄養塩・生物の分布や挙動を知っておく必要があります。

童謡「海」に歌われるように，海は広く，大きく，地表の面積の約70％を占めます。しかし，広いだけでなく深いのが海で，陸地の平均標高約840mに対して，海の平均水深は約3,800mもあります。海水の性質は，海域や深さによって大きく異なります。

私たちに馴染みのある海水は，陸地（生活圏）に近い沿岸の海水です。沿岸，特に内湾や河口周辺の海水は，陸地や河川水の影響を受け，濁ったり塩分が下がったりします。ところが，船で沖に出ると，海は青く透き通り，塩分の高い海水になります。海藻や植物プランクトンの肥料になる栄養塩（主に，窒素，リン，ケイ素）は沿岸に多く，沖合で少なくなります。

このような海の表層，つまり海面付近の海水は，緯度や海流によっても性質が異なります。南極や北極（高緯度）の海やそこから流れてくる寒流（たとえば，親潮）は，水温が低く，栄養塩が豊富で，海氷の影響を受けると塩分が低くなりますが，赤道付近（低緯度）の海やそこから流れてくる暖流（たとえば，黒潮）は，水温が高く，栄養塩が少なく，水分の蒸発が盛んなために高塩分です。このほか，海の表層では，季節によっても海水の性質が大きく変化します。春から夏にかけて，日が長くなり，太陽光も深くまで差し込み，海水が温められますが，秋から冬にかけて，日が短くなり，太陽光の差し込みは浅くなり，海水が冷やされます。

ここで，浅い海と深い海を考えてみましょう。お皿に熱いお湯を注いで放置しても，上と下の温度に違いは感じられません。しかし，深さのある浴槽にお湯を満たして放置すると，表層は熱いのに，中層ではぬるく，底層では冷たくなります。これは，温められた水が軽く浮かび上がり，冷やされた水が重く沈み込むためです。海でも同様で，浅い海では海水が一体的に温められたり冷やされたりしますが，深い海の深層では冷たい海水が占めることになります（低温性）。実際の海では，高緯度海域（グリーンランド沖など）の海面で冷やされた海水が海底に沈み込み，ベルトコンベアのように海底をゆっくりと流れ，巡っていると考えられています。

深さによって大きく変わるのが光量です。太陽の光は，光合成のエネルギー源として不可欠で，海藻や植物プランクトンは，光の届く範囲で栄養塩を吸収しながら生活し，これらを餌や棲みかとする動物や微生物も多く生活しています。しかし，深くなるにつれて光が乏しくなり，やがて暗黒になり，海水の変化も小さくなります（水質安定性）。光が届く範囲（有光層）は，きれいな海ではおおよそ水深 200m 前後までです。これよりも深く，光が届かない水深帯では，海藻や植物プランクトンが育たず，動物や微生物も減り（生菌数は水道水より少ない），生活排水や産業廃水に由来する汚染物質も検出できなくなります（清浄性）。一方，表層や中層で生活していた動植物の遺骸は海中を沈みながら微生物によって分解され，蓄積されるので，高濃度の栄養塩が深層水中に維持されます（富栄養性）。

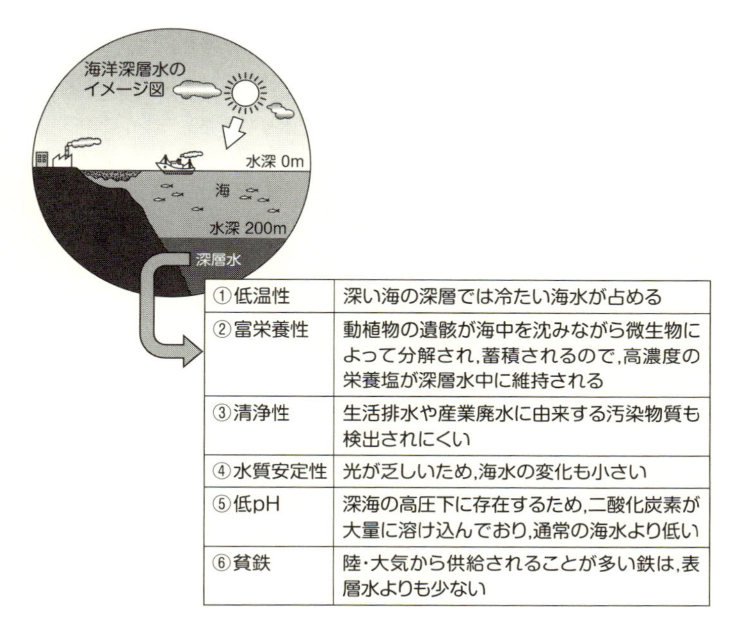

①低温性	深い海の深層では冷たい海水が占める
②富栄養性	動植物の遺骸が海中を沈みながら微生物によって分解され,蓄積されるので,高濃度の栄養塩が深層水中に維持される
③清浄性	生活排水や産業廃水に由来する汚染物質も検出されにくい
④水質安定性	光が乏しいため,海水の変化も小さい
⑤低pH	深海の高圧下に存在するため,二酸化炭素が大量に溶け込んでおり,通常の海水より低い
⑥貧鉄	陸・大気から供給されることが多い鉄は,表層水よりも少ない

図 11-1　海洋深層水の特徴

なお，日本のような中緯度の海では，冬には表層で冷やされた海水が沈み込み，深海の水と混じり合う鉛直混合が起こります。これに伴って有光層内に深海の栄養塩が加わり，春の光量の増加や水温の上昇を引き金として，多くの海藻や植物プランクトンが増殖します。こうなると，海の表層では夏に栄養塩が枯渇してしまいます。

これらの内容を踏まえ，海洋深層水を利用する立場の海洋深層水利用学会では，「有光層よりも深く，光合成による有機物生産がほとんど行われず，分解が卓越している水深帯の海水」を海洋深層水と呼ぶことにしています。前述の通り，これはおおむね水深 200m 以深の海水に相当し，海の平均水深が約 3,800m であることを思い起こせば，地球上の海水の大半が海洋深層水であるといえます。言い換えると，私たちに馴染みが深く，変化しやすい表層水の方が海水では特異な存在なのです。つまり，海洋深層水は海水中の海水であり，今後とも，人間が向き合い，理解を深めていかなければならない海水といえるでしょう。

なお，海洋深層水には，冒頭に挙げた4大特性以外にも，⑤低pH，⑥貧鉄などの特徴があります。海洋深層水は，深海の高圧下に存在するため，二酸化炭素が大量に溶け込んでおり，通常の海水（pH8.4）よりも低く，pH7.6前後になっています。また，陸・大気から供給されることが多い鉄は，表層水よりも少ない傾向にあります。このほか，海域によっては，熱水鉱床の存在により深海であるにも関わらず高温となっていたり，海洋構造上，あるいは海中投棄物などのために清浄性が疑われたりする場合もあるので，今後，新たな取水利用を考える場合には，各地で海洋深層水を取り巻く状況を精査していかなければなりません。

海水が凍ってできた氷山や流氷は塩辛くないのですか？

question 12

Answerer 佐藤 義夫

いわゆる氷山は，南極大陸や北極周辺の島々に降った雪が積もり，氷化して氷床（ひょうしょう）となり，それが海に流れ出したものです。したがって，氷山の氷には塩分はほとんど含まれていません。何年か前に，南極の氷山を中東に運び，飲料水や工業用水に利用しようという計画があったくらいです。

氷山に対して，海水からできた氷は海氷と呼ばれます。また，流氷は海上を漂っている氷の総称で，岸にへばりついて動かない定着氷（ていちゃくひょう）と区別されます。しかし，新聞やテレビなどでは流氷と海氷を厳密に区別しないで，海に浮かんでいる氷すべてを流氷と呼んでいます。

海氷には塩分が含まれる？

図 12–1[1] は氷の結晶が三次元網目構造をしていることを示す模式図です。氷の結晶はすかすかに見えますが，ナトリウムイオン（Na^{+}）と塩化物イオン（Cl^{-}）の両方のイオンが入ることができるほどの空間はありません。したがって，海水から理想的条件で氷を作った場合には，純粋な氷ができるはずです。ところが，でき立ての薄い海氷を解かしたときには 1.5～2.0% 程度の海塩が，厚い海氷には 0.4～0.8％程度の海塩が含まれています。

そこで，海氷を顕微鏡で見ると，表層は粒状構造の結晶で，それから下方に向かって短冊状構造の結晶が成長しています（**図 12–2**[2]）。その隙間には，ブライン（塩水：水が結晶した分だけ元の海水より塩分が高くなっている海水のこと。密度が高いので沈降し，その代わりに新しい海水が混入する）や気泡

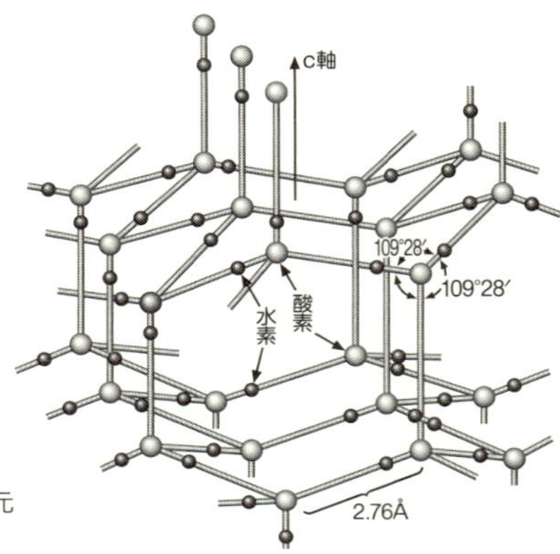

図 12-1　氷の結晶の三次元網目構造

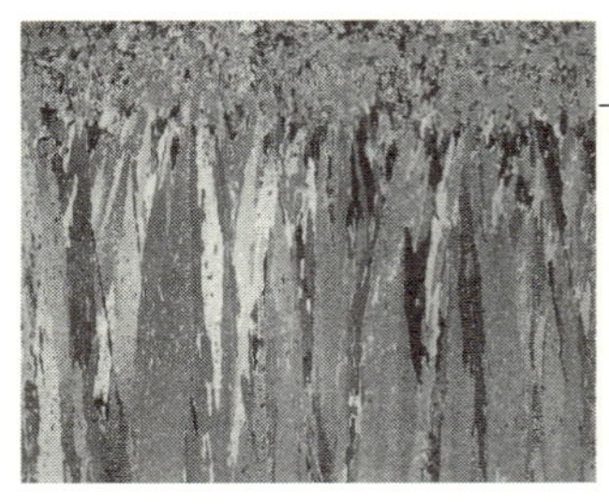

図 12-2　海氷の鉛直断面

が含まれています。つまり，このブラインが，海氷中に含まれる海塩の原因です。

このような構造のでき方は，まず初めに，海の表面近くに小さな氷の結晶がたくさんできます。この氷の粒子は晶氷と呼ばれますが，波がなければ成長し，互いにくっ付き合って薄い氷板になります。さらに温度が下がると，この粒状構造の氷板の下面から短冊状の氷が下方に向かって成長します。粒子と粒子の間隙あるいは短冊と短冊の間隙にブラインが入っていることになります。したがって，海氷はこのブラインの分だけ塩辛いことになります。

参考文献　1) 若濱五郎：雪と氷の世界，東海大学出版会（1995）
2) 青田昌秋：白い海，東海大学出版会（1993）

section 2

海水の疑問

海水に溶けている資源で実際に利用されているものは何ですか？

question 13

Answerer 大井 健太

海水にはほとんどの元素が溶けています。ただ濃度の低いものが多いため，工業的に利用されている資源は，食塩以外にマグネシウム塩，臭素，カリウム塩など数種類に限られています。これらの資源は，海水から直接回収する場合と，海水から食塩を取り出した後の溶液（苦汁：にがり）を利用する場合があります。

にがりから回収されているもの

日本では，現在，食塩のほとんどはイオン交換膜を用いる方法で製造されています（**Q15 参照**）。食塩を回収した後のにがりから，塩化カリウム，臭素，石こう（硫酸カルシウム），塩化マグネシウムなどを製造しています。一例を**図 13–1** に示します。

まず，食塩を採取した後のにがりを冷やすと塩化カリウムが析出します。次に，塩化カリウムの沈殿を分離した溶液に塩素ガスを通すと臭素ができます。塩素ガスは，食塩から苛性（かせい）ソーダ（水酸化ナトリウム）を製造するときに大量に得られるので，それを有効に利用できます。また，臭素は液体なので塩素ガスと簡単に分離することができます。

さらに，硫酸マグネシウムを添加し，硫酸カルシウムとして沈殿させて石膏を製造します。残った液をさらに濃縮するとカリウムとマグネシウムの複塩（ふくえん）（カーナライト）が析出（せきしゅつ）します。カーナライトから塩化カリウムが分離できます。最後に残った液を濃縮すると高純度の固形あるいはフレーク状の塩化マグネシウムが得られます。

塩化カリウムは，肥料や化学製品の原料として利用できます。

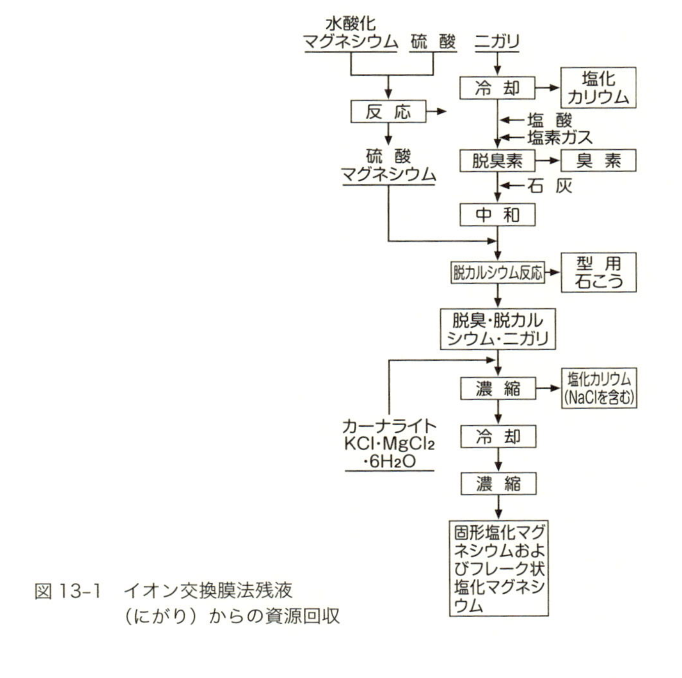

図 13-1　イオン交換膜法残液
（にがり）からの資源回収

臭素は，医薬品，農薬，難燃剤などの原料として利用されています。石膏は，型用石膏，耐火用建材（石膏ボード）などに利用されています。塩化マグネシウムは水酸化マグネシウム製造の原料などに利用されています。

海水から直接製造されているもの

最も重要な資源はマグネシウムです。特に，不純物の少ない高純度のマグネシウム化合物は，医薬品や特殊な難燃剤など価値の高い製品の原料として重要です。また，鉄鋼を作るときに使われる耐火物（マグネシア・クリンカー）の原料として，不純物のない高純度の水酸化マグネシウムが使われます。

海水からの酸化マグネシウムの製造法を**図 13-2** に示します。

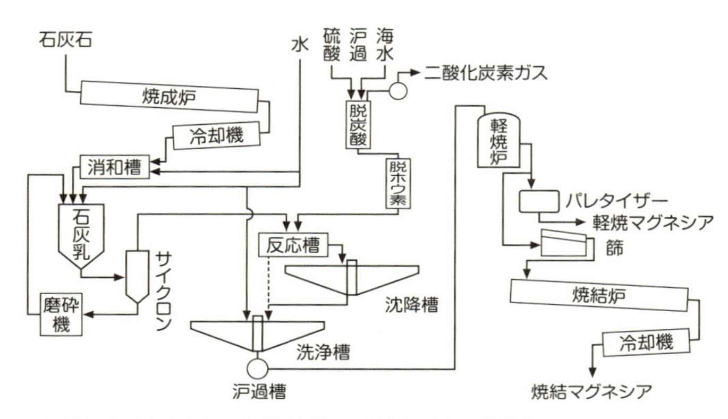

図 13-2 海水からの高純度酸化マグネシウムの製造法

海水中のマグネシウムは，海水に石灰乳（石灰と水を混ぜたもの）を加えて水酸化マグネシウムを沈殿させる方法で回収されています。まず，不純物として問題になる炭酸イオンとホウ素を除去します。次に，石灰乳を海水に加えると水酸化マグネシウムが沈殿します。沈殿した水酸化マグネシウムをろ過し，十分に水洗して純度を上げてから回収します。水酸化マグネシウムを高温で焼成すると耐火材として利用できる酸化マグネシウム（マグネシア・クリンカー）が得られます。

参考文献 1）日本海水学会，ソルト・サイエンス研究財団：海水の科学と工業，東海大学出版会，p.389（1994）

海水に溶けている資源で，将来利用できそうなものは何ですか？

question 14

Answerer 大井 健太

海水には多くの元素が溶けていますが，すでに工業的に回収され利用されている資源以外の元素は濃度が薄いため回収にコストが掛かる欠点があります。ただ，日本は資源が少ないので，希薄であっても将来的に価値のある資源を回収しようとする研究が続いています。

リチウム，ウラン，ヨウ素が有望

海水からの希薄資源の回収を考える場合に，資源となる元素の価格とその濃度との関係が重要です。価格が高い資源であれば濃度が薄くても回収する意味が出てきます。将来有望な資源として，リチウム，ウラン，ヨウ素などが挙げられています。リチウムは，海水 1 ℓ 中に 170 マイクログラム（μg）（10^{-6}g）溶けており，リチウム電池用の原料として需要が伸びています。特に，リチウムイオン電池が電気自動車用の電源に利用されるようになると，需要が爆発的に増加すると予想されます。地球温暖化問題がさらに深刻になり電気自動車が主流になったときには，海水中のリチウムの回収が重要な技術として注目されるものと期待されます。

ウランは，海水 1 ℓ 中に 3μg 溶けており，重い元素の中では特に高濃度です。原子力発電用の原料である陸上ウラン資源が枯渇するときには海水からウランを採取する必要がでてくるものと考えられています。

ヨウ素は，我々の体に必須の元素です。現在，千葉県の茂原地方を中心にヨウ素濃度の高い天然ガスかん水から生産されており，日本が輸出している唯一の無機資源です。海に近い国では海草からヨウ素を補給できますが，大陸の内陸部の発展途上国では体内のヨウ素が不足し，ヨウ素欠乏症が大きな社会問題になります。海水から安価にヨウ素が採れるようになればこれらの地域でも簡単にヨウ素を手に入れることができるようになります。

目的の元素だけを取り込む吸着剤の開発が重要

海水から微量元素を回収する方法としては，固体の吸着剤を海水に漬けて回収目的の元素だけを吸着して回収する方法（吸着法）が最も経済的な方法と考えられています。ただ，海水にはナトリウム，カリウムなどの元素が大量に溶けていますので，微量な目的元素だけを他の成分の妨害を受けずに取り込む吸着剤が無ければ，この方法を利用することができません。

リチウムを選択的に吸着する吸着剤としては，特殊な構造をしたマンガン酸化物吸着剤（イオン鋳型吸着剤）が開発されています。この吸着剤を海水に入れると，大量にあるナトリウムは吸着せず，リチウムだけを取り込むことができます。吸着剤を海水に入れてリチウムを吸着させた後，吸着剤を取り出してさらに塩酸や硫酸溶液に漬けると，リチウムが吸着剤から離れ，リチウムを高濃度に含む液を得ることができます。この液を濃縮しさらにリチウムを固体（炭酸リチウム）として回収することができます。この吸着剤を用いて実際の海水からリチウムを回収する実験が進んでいます（**図 14-1**）。

海水中のウランを回収する吸着剤としては，チタン酸化物からなる無機系吸着剤やウランイオンを選択的につかむ官能基（かんのうき）

図 14-1　海水リチウム回収ベンチ試験

（アミドキシム基）を持つ有機系吸着剤が開発されています。海水中のウラン濃度はリチウムよりさらに低いため，大量の海水を流す必要があります。海水を流す費用を節約するために，海流などの自然の流れをうまく利用する回収方法が考案され，試験されています。その場合には，吸着剤を通して海水が流れるように結束状，マリモ状，モール状などに成形した吸着剤が開発され利用されています。

参考文献　1）大井健太：海水希薄資源の回収－現状と課題－，日本海水学会誌，62，p.85（2008）.

塩は海水から作るといわれていますが，どんな方法がありますか？

question 15

Answerer　長谷川 正巳

日本には岩塩や塩湖といった天然の塩資源がないうえ，高湿多雨なため海水を天日で蒸発させて塩（天日塩）を作ることもできません。そこで大昔から，海水をさまざまな方法で濃縮して濃い塩水（かん水）を作り，さらに煮詰める（煎熬（せんごう）する）ことにより，塩が作られてきました。最も古い方法には藻塩（もしお）焼きがあり，海藻を焼いて，灰塩（はいじお）を作るのが始まりだといわれていますが，どのようにして行われたかははっきり分かっていません。6～7 世紀になると，干した海藻に海水を注いで塩分濃度の高いかん水を採り，土器で煮詰めて塩を作ったとされ，宮城県の塩竈（しおがま）神社では毎年この方法を模した神事が行われています。

8 世紀になると，海藻に代わって塩分が付着した砂を利用して，かん水を採るようになりますが，この方法が 1970 年代初頭まで行われてきた塩田製塩（9 世紀以降）へと変化します。つまりこの間に揚浜（あげはま）式，入浜（いりはま）式，流下（りゅうか）式塩田を経て 1972 年に塩田による農業的な生産方式からイオン交換膜法による工業生産方式へ全面転換されました。

塩田の方法

塩田は，入浜式と揚浜式の 2 つに分けられ，潮の干満の差が大きい地域では入浜式が，差の小さい地域では揚浜式が用いられました。いずれの方法も，砂の中にできる毛細管によって，砂の表面に海水を導き，そこで水分を蒸発させて塩を析出させます。次に表面の砂をかき集めて，海水を注いで濃い塩水（かん水）を採り，土器や鉄器で煮詰めて塩をつくりました。1955 年代後半になると入浜式塩田を改良した流下式塩田が導入され，

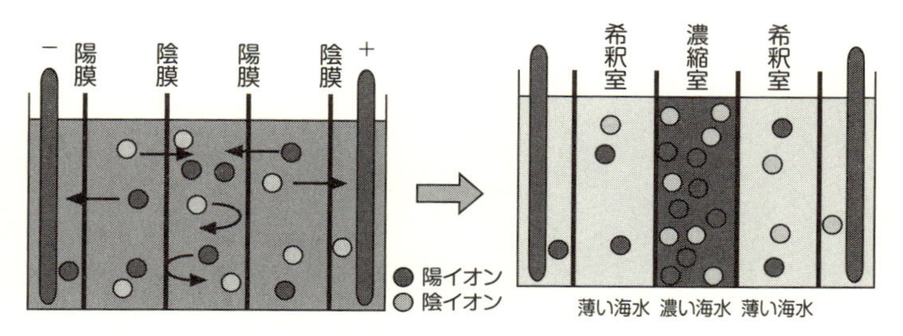

図 15-1　イオン交換膜による海水濃縮の仕組み

図 15-2　真空式多重効用蒸発缶の外観
写真提供：たばこと塩の博物館

かん水を煎熬する方法も進歩して，蒸気利用式煎熬法なども用いられますが，1972 年にイオン交換膜法製塩が始まると，国内の塩田のほとんどは姿を消しました。

これら塩田法については「たばこと塩の博物館」（https://www.jti.co.jp/Culture/museum/index.html）などの HP をご覧ください。

イオン交換膜製塩法

イオン交換膜法製塩に転換したことによって，それまで気象条件に左右されてきた塩づくりを安定して行うことができ，生産量も大幅に向上させることができるようになりました。海水中には塩やいわゆるミネラルといった成分のほとんどがイオンの形で存在しています。たとえば，塩は化学的には塩化ナトリウムと呼ばれ，水の中では塩化物イオン（Cl^-）とナトリウムイオン（Na^+）に分かれています。また，イオン交換膜には，陽イオン交換膜（陽膜）と陰イオン交換膜（陰膜）とがあります。前者はナトリウムイオンのような陽イオンだけを，後者は塩化物イオンのような陰イオンだけを通す膜です。このような2種類の膜を交互に並べて両端に電圧をかけると，イオンが集まる室（濃縮室）とイオンが少なくなる室（希釈室）に分かれます。希釈室に海水を流すと，濃縮室に濃い海水を作ることができます（**図 15-1**）。

こうして得られたかん水を煎熬することによって塩がつくられます。現在では，気圧を低くすれば水の沸騰温度が下がる性質を利用した真空式多重効用蒸発缶（**図 15-2**）によって大規模に塩が生産されています。

作り方が違うと性質の違った塩ができるのですか？

question 16

Answerer 長谷川 正巳

塩の代表である塩化ナトリウムは，ナトリウムイオンと塩化物イオンが交互に配列した結晶構造を持ち（**図 16–1**），その基本的な形は正六面体（サイコロ状）です（**図 16–2**）。店頭に並んだ多くの塩製品が，このような形をしているのをご存知だろうと思います。

塩のいろいろな結晶

サイコロ状の結晶は，塩水（かん水）を煮詰める（煎熬(せんごう)する）際に，結晶と液（母液）との混合物（スラリー）の撹拌状態が良いと，ごく自然に作ることができます。**Q15** でお見せした真空式多重効用缶のような装置は，ポンプで撹拌(かくはん)を行いますので，このような結晶を作るのに適しているといえます。

撹拌状態の良い装置で結晶を大きくする操作（育晶）を行うと，結晶が成長する過程でサイコロの角がとれ，次第に丸みを帯びて球状の結晶（**図 16–3**）になることがあります。このような塩を球状塩と呼んでいます。これは，サイコロ状の結晶が大きくなることによって結晶の衝突エネルギーが大きくなるため，結晶が，互いに擦れ合ったり器壁に衝突したりして，磨耗することが原因と考えられています。実験室でも，底の丸いフラスコを使ってゆっくり回転させながら結晶を成長させると，簡単に作ることができます。

ビーカーなどに熱した飽和食塩水を入れてゆっくり冷却すると，溶液の表面で生成した結晶がゆっくり沈み，その間に細長く成長して，柱状塩，あるいは針状塩（**図 16–4**）が底に沈むことがあります。これはいろいろな条件によって，結晶の限られた面が優先的に成長するためだと考えられていますが，球状塩と同じくやはり原型はサイコロ状の結晶だと考えて良さそうです。

フライパンなどの容器に飽和した食塩水を入れ，ゆっくり加熱して蒸発させると，トレミー塩（**図 16–5**）やフレーク塩（**図 16–6**）ができます。蒸発面で生成した結晶は，その重さによって沈んでいきますが，溶液の粘度が高いと表面張力が大きくなって，なかなか沈むことができません。そうすると蒸発面に接した結晶の縁だけが成長して，ピラミッドを逆さにしたようなトレミー塩と呼ばれる結晶が生成することになります。フレーク塩もその生成の機構はトレミー塩と同じですが，溶液の粘度が低い場合に，トレミー塩になる前に沈んでしまったり，溶液中に塩化マグネシウムなどのミネラル成分が少ないと，板状になって沈んでできると考えられています。これらの結晶を生成させる場合に，緩やかに結晶が回転する操作を加えますと，図 16–6 のような円形のフレーク塩を作ることができます。この結晶を顕微鏡で観察すると，サイコロ状の微細な結晶がくっついて成長していることが分かります。したがって，基本はサイコロ状の結晶だといえます。

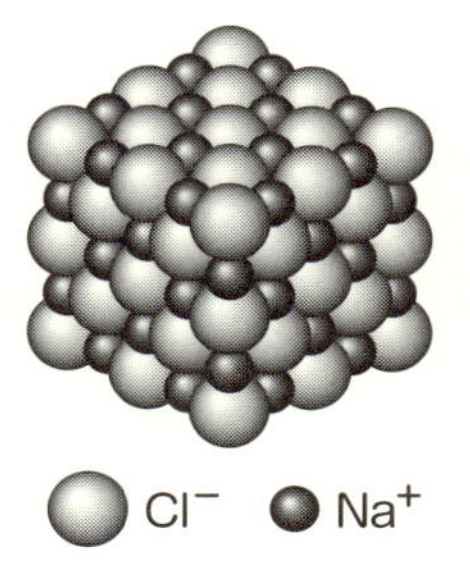

図 16-1　塩化ナトリウムの基本構造

図 16-2　塩結晶の外観

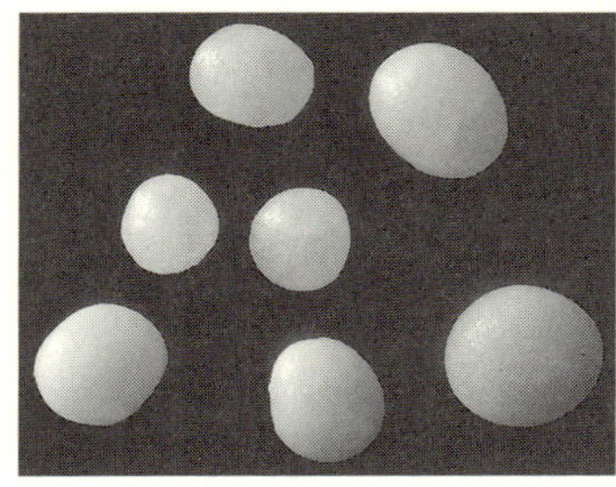

図 16-3　球状塩

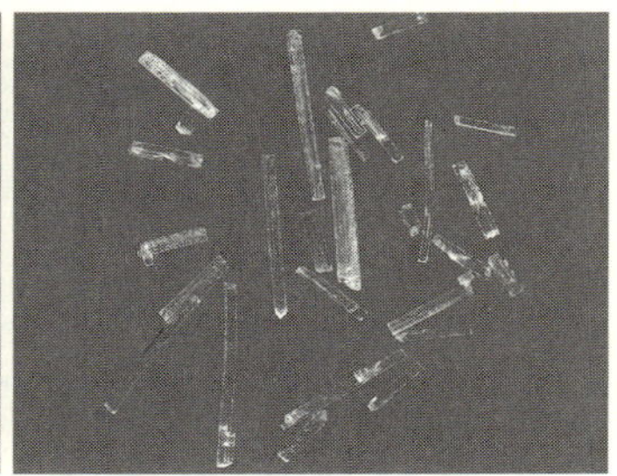

図 16-4　柱状塩・針状塩

図 16-5　トレミー塩

図 16-6　フレーク塩

図 16-2〜6 写真提供：たばこと塩の博物館

いろいろな種類の塩が売られていますが，違いは何ですか？

question 17

Answerer 長谷川 正巳

表 17-1 は塩の情報室ホームページ（http://www.siojoho.com/）で公開している塩の分類表です。この表を見るとさまざまな塩が販売されていることが分かります。

ほとんどの食用塩が煮詰めて作った塩

日本では海水から塩がつくられますが，輸入した岩塩（地中に塩層として存在）や天日塩（海水を天日で濃縮してできた塩）を原料にして塩を作る場合もあります。きれいな岩塩や天日塩は，粉砕してそのまま製品にする場合もありますが，生産量が多いのは，いったん溶解して濃い塩水（かん水）をつくり，それを煮詰めて（煎熬（せんごう）して）作った塩（溶解再製塩または煎熬塩），あるいはそれをさらに加工した塩です。外国でも同じで，先進国の食用塩のほとんどは煎熬塩だと考えても差し支えないと思います。

もちろん煎熬塩といっても，さまざまな結晶形態がありますので（**Q16 参照**），塩を粉体として考えると，形状や粒径の差によってその性質は大きく異なってきます。たとえば，正六面体の塩に比べるとフレーク塩はふんわりとしているため，同じさじ 1 杯の塩といっても重さは軽くなり，できあがった料理は薄味になるはずです。また，同じ重さの塩をなめた時に，粒径の小さな塩は，大きな塩に比べて比表面積が大きく溶けやすくなるため，塩辛さを強く感じることがあります。

苦汁（にがり）成分の違いが味にも影響

それ以外に，ミネラル成分によっても性質が異なります。表

表 17-1　市販の塩の種類と特徴

	塩種	簡単な説明
乾燥塩	食塩	海水を膜濃縮し大型結晶缶で製造。最も広く使われる。
	特急塩	食塩と同じ方法で作られる高純度塩。業務用。
	微粒塩	乾燥品が多い。食塩以下の粒径で 0.05mm まで。溶けやすい。
	岩塩	岩塩鉱で掘った塩。大粒で硬い。
湿塩	並塩	海水を膜濃縮し大型結晶缶で製造。業務用で最も広く使われる。
	白塩	海水を膜濃縮し大型結晶缶で製造。並塩より大粒。
	粉砕塩	輸入天日塩を粉砕。大粒。
	天日塩(原塩)	輸入品。海水を塩田で濃縮結晶。
加工塩	精製塩	天日塩，岩塩の溶液を精製して大型結晶缶で製造する高純度塩。
	焼き塩	塩を 250～700℃で焼いた塩。サラサラで固まりにくい。
	フレーク塩	あらしお。平釜焚きの平板状結晶。軽い。付着しやすい。溶けやすい。
	凝集結晶塩	高温の平釜焚き。フレークと並塩の中間型。
	大粒塩	10mm 以上の大結晶，造粒塩など。
添加物塩	旨味調味料	食卓用。グルタミン酸，イノシン酸などを添加。
	苦汁	マグネシウムとして 0.03～0.5%添加。
	カリウム塩	カリウムとして，減塩用 25%以上，調味改善用 5～25%。
	各種ミネラル	鉄塩，カルシウム。外国ではヨウ素，フッ素，亜鉛，セレンなど。
	食品	ごま，コショウなど各種香辛料。ニンニク，ハーブ類など。
その他	海塩平釜焚	立体濃縮して平釜焚きした凝集塩。小規模製塩。
	海水直接乾燥	噴霧乾燥などで海水全乾燥，小規模製塩。

の中で湿塩と呼ばれるものは苦汁（にがり）成分が多く水分が高くてしっとりしています。したがって湿塩は流動性が悪くなりますが，なぜか日本では「昔ながら」，あるいは「自然」といったイメージが湧くようです。これに比べて乾燥塩は苦汁成分が少なくさらさらしていて流動性が良いため，小型の容器から簡単に振り出すことができ，家庭で少量使用する場合などには便利です。

また，苦汁成分の違いが味にも影響しているといわれています。苦汁成分が結晶の中に入り込むことは通常ないので，このような塩をなめた場合にはまず苦汁の味がして，次いで塩（塩化ナトリウム）の味がする場合と，苦汁成分の少ない乾燥塩のように塩の味が真っ先にする場合では，塩の味が違うように思えるのではないでしょうか。また，苦汁の成分は，日本のようなイオン交換膜製塩法では，塩化マグネシウム，塩化カルシウム，塩化カリウムで，天日塩田法では，塩化カルシウムがなく，硫酸マグネシウムが加わるため，成分の味の違いが塩の味の違いにも関係するのかもしれません。ただ，塩を水に溶かした場合には，よほど苦汁成分が多くないと，塩の味しかしないことも考えられます。

結晶形態，粒径，苦汁成分などの，食品加工への影響もよくいわれることです。「漬物や干物などにはどういった塩がいいのでしょうか」といった質問も多く聞かれます。実際に塩の種類を変えていろいろな実験をしても，味，食感，好みなどに個人差があり，なかなか系統づけることができません。

添加物塩の中で，ヨウ素やセレンといった必須ミネラルを食物から摂取する食習慣がない国では，これらを添加した塩が販売されている場合があります。日本では海藻や魚介を食べるので，こうした塩を食べる必要はありません。ミネラルが豊富だといった製品も数多く売られていますが，通常 1 日に 10g ほどの塩しか食べないわけですから，塩からミネラルを補給することよりも，まずはバランスの取れた食事を摂ることが必要なのではないでしょうか。

調理や食品加工で使う塩ってどんな効果があるのですか？

question 18

Answerer　石川 匡子

塩といえば，「料理の塩味」が真っ先に思い浮かぶと思います。しかし，塩味以外にも，塩は料理のほかの味や食感を変化させたり，食品の保存性を高めるためなど，調理においてさまざまな役割を担っています（**表 18-1**）。

まず，塩には他の味を強めたり，弱めたりする働きがあります。たとえば，スイカに少量の塩を振りかけると，甘味が強く感じられます。また，お汁粉やあんこを作るとき，砂糖だけでなく少量の塩を加えることでより深みのある甘味にすることができます。このとき塩味はほとんど感じられず，甘味だけが強調されます。このように，甘味や塩味など２つの味を同時に味わったとき，一方の味が他方の味を引き立たせる現象を対比効果といいますが，塩はこの対比効果を起こしやすい性質があり，料理の際，他の味を引き立たせる効果を示すことから，「隠し味」として用いられます。ダシ汁をとるとき，少量の塩を加えるとうま味が強調されるのも，同じ働きによるものです。対比効果とは逆に，一方もしくは両方の味が弱められる現象を抑制効果といいますが，塩には酸味の刺激を和らげる働きもあります。酢の物や酢飯に少量の塩を入れると酸味がまろやかになるのは，抑制効果によるものです。

また，塩には脱水作用があります。野菜に塩をふると，表面が濃い食塩水に覆われた状態になるため，野菜の細胞内部と外部で浸透圧に差が生じ，細胞中の水が脱水されます。そのため，野菜の細胞の張りが失われ，野菜はしんなりした状態になります。野菜の塩もみや漬物はこの脱水作用を利用したものです。サンドイッチに野菜を挟むとき，あらかじめ濃いめの塩を野菜にふったものを使用しますが，これは短時間で野菜の細胞内外の塩濃度を平衡にし，強制的に脱水させることでパンに余計な水分が染み出すのを防いでいます[1)]。いざ食べようとしてパンを手にしたときに，パンが湿っていたり，具が水っぽくなるのを防ぐための工夫です。塩の脱水は，野菜だけでなく魚肉や肉の細胞に対しても同様に作用し，使用する塩濃度が高い場合には，さらに防腐効果が生じます。イカの塩辛や魚の干物などのような塩蔵食品は，食品の水分量を減少させ，雑菌の繁殖を抑えています。

うどんやパスタを作るとき，小麦粉に水を加えてこねると次第に粘りや弾力が出てきます。これは，小麦粉に含まれるタンパク質であるグリアジンとグルテニンという２種類のタンパク質が水を吸収し，こねることで分子が網目のように絡み合い粘りを持つグルテンへと変化するためです。小麦粉をこねるときに塩を加えると，グルテンを引き締めてコシを強くします。これは，塩がグリアジンを溶出することを助け，網目構造を緻密にする作用があるためです[2)]。塩が配合されていないものは，べたべたしてまとまりのないものになります。魚のすり身を作るときにも必ず塩を入れますが，これも魚肉のタンパク質を溶けやすくする性質を利用したものです。魚のすり身に塩を加えてよくすり潰すと，タンパク質の繊維が溶けて軟らかくなります。このすり身を丸めて加熱すると，弾力のある塊になります。焼き魚を調理するときも，下処理として魚の表面に塩をふりますが，これは塩の持つ浸透圧による脱水，タンパク質の溶出，タンパク質の熱凝固の３つの役割を利用するためです。塩を

表 18-1　調理における塩の役割[3)]

役　割	調理例
味の対比効果（甘味を強める）	スイカ，お汁粉
味の対比効果（うま味を強める）	ダシ
味の抑制効果（酸味を弱める）	酢の物，寿司の合わせ酢
浸透圧による脱水作用	漬物，塩もみ，
保存・防腐作用	イカの塩辛，魚の干物，漬物
発酵調整作用	味噌，醤油，チーズ
グルテンの形成促進	パン，うどん
タンパク質の溶解作用	魚のすり身，練り製品
タンパク質の熱凝固作用の促進	魚や肉の塩焼，卵焼，
酵素作用の抑制	果物の褐変防止
クロロフィルの退色防止	青色野菜の茹で物

ふりかけることで魚肉から表面に水分が流出します。タンパク質の繊維が溶出し，保水性や弾力性が増加します。さらに，魚表面に染み出した水には，魚の臭みの原因となる物質も一緒に溶け出すため，魚表面の水を拭き取る際に，取り除くことができます。

以上のように，塩は，たとえ塩味を感じなくとも，私たちが普段口にするものに数多く利用されており，欠かすことのできないものになっています。

引用文献

1) 杉田浩一：「こつ」の科学，柴田書店，p.238（2006）
2) 杉田浩一：「こつ」の科学，柴田書店，pp.67-68（2006）
3) 塩事業センターHP（http://www.shiojigyo.com/）

塩分（食塩）を摂り過ぎると なぜ体に悪いのですか？

question 19

Answerer 橋本 壽夫

塩がなければ人は生きられません。なぜでしょうか？　塩はナトリウムと塩素の化合物です。ナトリウムと塩素が体の中でさまざまな働きをすることによって命は維持されているからです。

人の体は 60 兆個の細胞からできているといわれます。細胞を取り囲んでいる液は細胞外液です。その主成分はナトリウムです。細胞の中の液は細胞内液です。その主成分はカリウムです。ナトリウムとカリウムはそれらの濃度に応じた浸透圧を示します。ナトリウムの濃度は腎臓によって一定に維持されます。つまり細胞外液の浸透圧は一定で，細胞内液の浸透圧とバランスしています。この状態で細胞の機能が正常に働きます。バランスが崩れると細胞は死んでしまいます。

血液は少しアルカリ性で pH7.35～7.45 という狭い範囲に維持されています。この範囲を外れると病気になります。人は呼吸によって空気中の酸素を採り入れ炭酸ガスを出して生きています。炭酸ガスが血液中に溶けると酸性になります。これをアルカリ性にするのがナトリウムの役割です。

ナトリウムが神経の細胞膜を出入りすることによって電位差が生じ，非常に弱い電流が流れることによって刺激が伝わっていきます。

炭水化物はブドウ糖に，タンパク質はアミノ酸に分解されて腸で体内に吸収されます。このときナトリウムが必要なのです。

食べ物はさまざまな消化液で消化・分解されて吸収できる状態になります。消化液の主成分はナトリウムや塩素です。たとえば，胃液には胃酸があり，その正体は塩酸です。

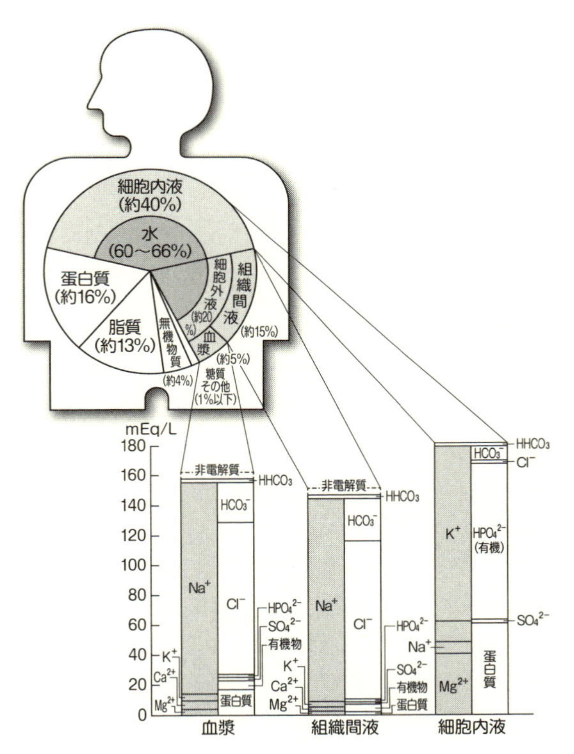

図 19-1　人体と体液の組成

以上のような塩の働きによって命が保たれているのです。しかし，このように大切な塩でも摂り過ぎで体に悪いといわれるようになりました。なぜでしょうか？　塩分の摂り過ぎが高血圧症の原因になると思われているからです。そのように思われるようになったのは 1960 年にダールが塩分摂取量と高血圧症の発症率との関係を統計学的に整理して発表したことに始まります。塩分摂取量が多いほど高血圧症の発症率が高くなるという非常にきれいな結果でした。このことからダールは塩分摂取量が高血圧症の原因となるのではないかという仮説を立て実験をしました。しかし，証明できませんでした。その後，多くの学者が証明しようと実験しましたが，やはりできませんでした。

研究が進むにつれて塩分摂取量と健康との関係が段々と分かってきました。塩分の摂り過ぎが体に悪い人はいますが，大半の人には関係ありません。適正な塩分摂取量は明確ではありませんし，個人差もあります。健康な人で腎臓の機能が正常であれば，塩を摂り過ぎてもすぐに排泄してしまいます。しかし，体質的に塩を排泄しにくい人もいます。塩が排泄されにくくて体内に溜まると，血液量が増えて血圧が上がります。たとえば，アフリカ系アメリカ人です。多い塩分摂取量で血圧が高くなる人は塩に対して感受性があるとされ，塩感受性の体質とされます。高血圧者の半数が該当するといわれ，減塩すると血圧は下がります。高血圧は遺伝性の病気ですが，塩感受性であるかどうかの簡単な判定法はありません。

アメリカでは高血圧症予防の観点からすべての人に減塩させる保健政策が 1977 年から始まりました。日本でも 1979 年から始まりました。しかし，すべての人々に減塩して血圧が下がるという科学的根拠はありません。しかも減塩すればするほど血圧低下があるような保健政策でした。このような背景でしたので，数は少ないのですが減塩政策に反対し，減塩の危険性を研究する学者もいました。

減塩の危険性を積極的には述べていませんが，減塩に対する血圧応答が 1987 年に発表されました。多くの人が減塩に対して血圧の変化を示しませんでしたが，減塩で血圧が下がる人が

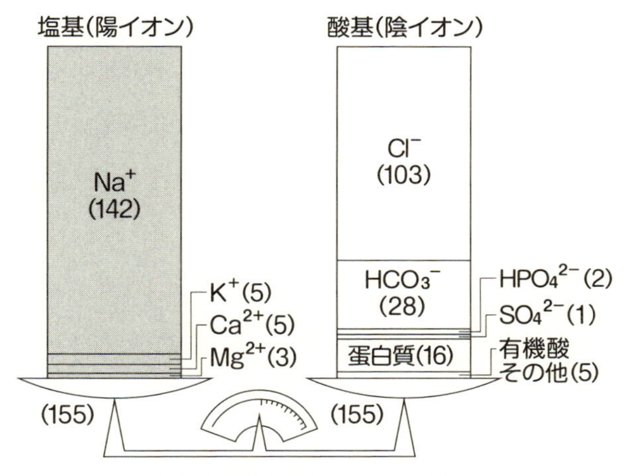

図 19-2　血漿中の酸－塩基平衡（mEq/L）[1)]

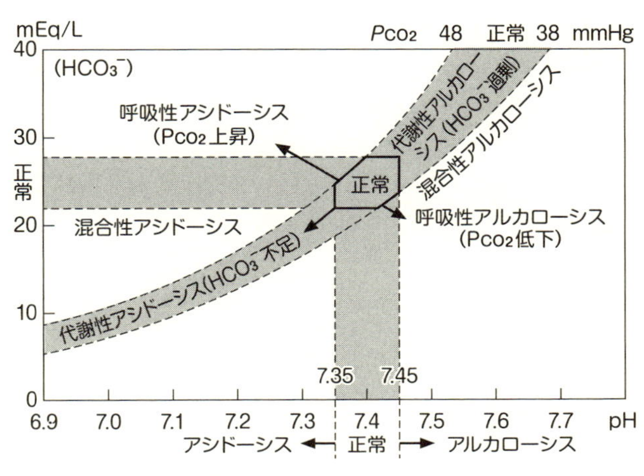

図 19-3　酸－塩基平衡異常の解析（Tietz）[1)]

いる一方で，反対に血圧が上がる人がいることが分かりました。この人たちにとって減塩は危険です。1995 年には減塩で心筋梗塞を起こす危険率が高くなることが発表されました。2013 年にはアメリカの医学研究所が極端な減塩は危険であるかもしれないと発表しました。減塩は高血圧治療と予防に対して勧められてきましたが，最近の報告では，すべての死因に対する死亡率で整理すると，現在の塩分摂取量が一番良いことが分かりました。

以上のように，減塩の危険性に対する根拠が次第に明らかになってきましたが，相変わらずすべての人に減塩を勧める保健政策が続けられていますので，この政策に対して学者間で盛んな論争が行われています。

多い塩分摂取量が悪いとされていることは高血圧症だけではなく，発症した胃がんを増殖させるとか，カルシウムの排泄を促して骨粗鬆症（こつそそうしょう）を発症させるので，骨折が起こりやすくなるといった論文も発表されていますが，確立された知見ではありません。

塩分が必要なのは哺乳類だけですか？

question 20

Answerer 橋本 壽夫

すべての生物は多かれ少なかれ塩分を必要としています。塩分は体内で合成されないので，必ず体外から摂取しなければなりません。植物でも動物でも同じです。しかし，進化の過程で塩分の必要度が変わってきたのです。生命は40億年前に海から生まれたとされています。海底火山からの熱水噴出口周囲の海水は高温になっていますが，多くの生物が生息しています。このような所から生命が誕生したのではないかと考えられています。

最初に地球の内部から出てくる硫化水素やアンモニアといった無機化合物を酸素で酸化してエネルギーを得る独立栄養細菌が熱水噴出抗口で発見されたことから，これが生命誕生の始まりといわれています。誕生した生物は単一細胞生物から多細胞生物へと進化し，植物，動物と分かれ，それぞれ水中生物から陸上生物へと生きる環境を変えてきました。

海から生まれた単細胞の微生物は海水中に浮遊していました。多細胞に進化する過程で体内に海水環境を取り込んだと考えられます。たとえばヒトで考えてみると，酸素を運ぶ赤血球，免疫機能を持った白血球は血液細胞といわれており，血液からそれらの細胞を取り除いた血漿（けっしょう）中に浮遊しています。また，1つの卵細胞が受精して細胞分裂を起こし，多細胞の胎児は羊水の中で成長し，やがて新生児として誕生してきます。

「血液や羊水は海水の組成とよく似ている」といわれています。海から誕生してきた歴史を持っていることから当然のこととして受け入れやすいことですが，はたしてどうでしょうか？

表 20-1 では海水とヒトの構成成分である血漿，組織間液，

羊水，細胞内液のミネラルである電解質組成を比較しました。mEq/L と少し分かりにくい単位ですが，1 ℓ 中にある電解質の mg 数をそれぞれの原子量で割った数値です。ここでは同じ単位で示していますので数値だけを比較すれば海水との違いが分かります。

細胞内液は別として，他の溶液のミネラルは海水濃度の数分の 1 からマグネシウムのように約 20 分の 1 以上も薄いことが分かります。濃度ではなくナトリウムを基にして，それぞれの成分をナトリウムの数値で割り込むと，ナトリウムを 1 とした時のそれぞれの電解質濃度の比が分かります。（　）内にそれらの数値が記載されていますので，各成分の電解質組成を比較することができます。これらの数値も大きく異なるミネラルもあります。これをどう評価するか，元々は海水に近い組成であったかもしれませんが，海水と同じとか，似ていると表現するには少し無理があるように思います。最初に述べたように，生物が進化してきた過程で海水とは変わってきたのでしょう。

ヒトの体液には pH の変化を和らげる緩衝作用のある炭酸 1 水素イオンとリン酸 1 水素イオンがあります。これらがないと pH を弱アルカリ性の 7.35〜7.45 という狭い範囲内に維持できなくて病気になります。これらの pH 値は海水のそれとは異なっています。海水の pH はもう少しアルカリ性で，気象庁のホームページによりますと，表面海水では約 8.1 ですが，深くなるにつれて pH は下がり，北西太平洋亜熱帯地域では水深 1,000m 付近で約 7.4 と最も低くなると述べています。海水表面では大気中の炭酸ガスの溶解により炭酸が生成して酸性化に

表 20-1　海水，血漿，組織間液，羊水，細胞内液の電解質比較 [1)]

	Na^+	K^+	Ca^{2+}	Mg^{2+}	Cl^-	HCO_3^-	HPO_4^{2-}
	mEq/L						
海水	456 (1)	9.7 (0.021)	10 (0.022)	55.6 (0.122)	536 (1.175)	–	–
血漿	142 (1)	5 (0.035)	5 (0.035)	3 (0.021)	103 (0.725)	27 (0.19)	2 (0.014)
組織間液	138 (1)	5 (0.036)	5 (0.036)	3 (0.022)	108 (0.783)	27 (0.196)	2 (0.014)
羊水	127 (1)	4 (0.031)	4 (0.031)	1.4 (0.011)	106 (0.835)	–	–
細胞内液	14 (1)	152 (11.21)	0	26 (1.857)	0	10 (0.714)	110 (7.857)

進みます。大気中の炭酸ガス濃度の増加は地球の温暖化が進むことで問題とされていますが，海水の pH が酸性化に進むことでも問題です。海水中の生態系が変わるからです。

生物はなぜ塩分を必要とするかについて，生命の起源が海にあったことから考察してきました。塩分が必要なのは哺乳類だけではありません。魚類，鳥類，爬虫類などでも塩分は必要です。好塩性微生物は塩分がないと増殖できません。

参考文献　1) 橋本壽夫，村上正祥：塩の科学，朝倉書店，p.171（2003）

岩塩はどのようにしてできたのですか？

question 21

Answerer　尾方　昇

地球が誕生して海ができた後も，大陸は移動を続けています。海の水が閉じ込められると広大な塩水の湖（塩湖）ができます。その湖が蒸発すると塩の塊になります。さらに地面が裂けたり動いたりして岩石の中に沈み込むと地下深く塩の層ができます。そして長い時間をかけて塩の塊はしっかり結びつき硬く固まります。こうして岩塩は海水を起源としてできたというのが世界の定説です。岩塩は海の化石なのです。

これらの岩塩は，大変長い時間をかけてゆっくりと蒸発していますから，蒸発につれて出てくる塩類の順番に，石膏，塩化ナトリウム，塩化カリウムが層状に重なっています。場所によっては，大陸の変動に伴って海水になったり乾燥したりというサイクルを繰り返したところもあって，2 層，3 層に積み重なったところもあります（**図 21–1**）。また岩塩は岩石よりも軟らかく熱にも溶けやすいので，地下の岩塩層は上に伸びて巨大な塩の縦縞ができ 1 万 m を超すような岩塩層（ソルトドーム）を作ります。大部分の岩塩は古代カンブリア紀（約 5.5 億年前）から新生代第 3 紀（200 万年前）までにできましたが，二畳紀（約 2.5 億年）前くらいのものが多く，気が遠くなるほど昔にできたものです。恐竜は 5000 万年前から 2.5 億年前に生息したとされていますから，恐竜時代に生まれたといってもよいでしょう。

岩塩が採れる場所

岩塩は，残念ながら日本では見つかっていません。明治時代からさまざまな人が探索しても見つからないので，多分ないの

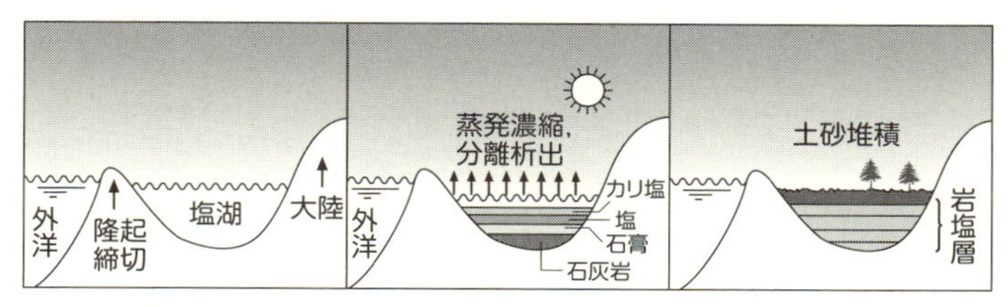

大陸の隆起で海が閉じ込められて巨大な塩湖ができる。

長い時間をかけて海水が蒸発し、析出しやすい塩類から順に塩分の層ができる。

塩層の上に土砂が積もっていき、表層からは見えなくなる。

図 21-1　岩塩の形成（オクセニウス理論）

図 21-2　岩塩鉱の採掘（ドイツ）。抗道を掘り，地下で爆破しながら大規模に採掘する。写真は爆破後の搬出トレーラーの積み込み。写真提供：日本塩工業会

でしょう。岩塩は地中深く潜っているので，昔は岩塩のあるところは珍しかったのですが，ボーリング技術の進歩で，天然ガスや石油の探索をしている中で多くの岩塩鉱床（がんえんこうしょう）が発見され，世界中に分布しています。主な産地は，アメリカ，カナダ，イギリス，ドイツ，オランダ，フランス，ポーランド，ウクライナ，中国，チリなどです。

岩塩というと，今は大きなゴロゴロしたものを思い浮かべる人が多いのですが，1997 年に塩専売制が廃止されるまでは，日本では輸入されていませんでした。それ以前は，天日塩（塩

田で結晶させた塩）を岩塩という人が多かったのです。岩塩は，1998 年頃から店頭に並ぶようになりました。製品表示に原料「岩塩」と書かれているのでそれを見れば分かります。岩塩には岩塩鉱床を掘ってきた塩と，岩塩鉱床に水を注入し地下で溶かしてポンプで汲み上げた塩水（かん水）を煮詰めた塩（溶解採鉱）があります。直接掘ってきた塩は硬く溶けにくく，一般に道路融雪用，ソーダ工業用などに使用される場合が多く，食用には煮詰めた塩で，0.4mm 程度の塩で，市販の精製塩と組成も使い勝手もほとんど変わりません。世界の塩の消費量は 1 年間に約 2.8 億トンですが，そのうち約 3 分の 2 は岩塩から生産されたものです。食用塩は 10%強です。

塩の量は無尽蔵

岩塩の埋蔵量は人間の消費量に比べて無尽蔵です。たとえば，アメリカのミシガン盆地のサリナ岩塩鉱床だけで 61 兆トン，これだけで世界の 30 万年分あることになります。このような岩塩層が世界中に数多くあるのですから，やはり無尽蔵といってよいでしょう。海の塩の量は海の平均深さ 3,800m に平均塩分濃度 3.4%を掛けて塩の見掛け比重 1.0 とすると，蒸発すれば海底に高さ 130m の塩の山ができます。世界の全海水量 13 億 5,000 万 km^3，純塩化ナトリウム 2.67%を掛けると 3.5 万兆トンという想像できない単位の塩の量になります。ですから人間の力でどんなに塩を取っても，海の中の塩が減る心配はありません。それに，使った塩の大部分はいつか川を流れ海に戻っていくのです。

海水をそのまま飲み水や農作物に使えないのはなぜですか？

question 22

Answerer　谷口 良雄

それは余りにも塩分濃度が高すぎるからです。

海水の濃度は海洋によって異なります。日本の沿岸海水の濃度は全溶解性塩分として35.8g/ℓです。一方，飲料用水の水質基準は，WHO（World Health Organization，国連世界保健機構）で細かく決められています。わが国の現在の飲料水基準はこのWHOの基準をベースにして厚生労働省が2003年4月に日本独自の基準を制定しています。飲料水の全溶解性塩分としては従来と変わらず0.5g/ℓです。海水の濃度はこの飲料水基準の約70倍で，海水を飲み続けると血液中の赤血球などの細胞から水分が出て行き，細胞の機能が果たせなくなります。人間の血液は正常な代謝活動を行うためには，その濃度が極めて狭い範囲に保たれている必要がありますが，海水のように高濃度の水を飲み続けると，これが不可能となって，ついには生理的に重大な障害を起こすことになります。

海水中にはナトリウムイオンが約10.5g/ℓ含まれていますが，2.5g/ℓ以上のナトリウムイオンを含む飲料水を過剰に飲むと，高血圧症を引き起こすと報告されています[1)]。

灌漑用水にも塩分濃度の制限が

一方，農作物の栽培に用いる灌漑用水にも，塩分濃度の制限があります。一例として宍道湖・中海沿岸部の水稲栽培地帯で，渇水や潮位の上昇などによって農業用水の塩分濃度が高まり，塩害が発生することが報告されています。島根県の主要品種である「コシヒカリ」「ときめき35」の生育に対する塩分濃度の影響を調査した結果によると，塩分（塩化ナトリウム）濃度が

1g/ℓ以上で稲の下葉の枯れ上がりが見られ，2g/ℓ以上になると草丈が短くなり，葉先のよじれや巻き込み症状を呈するようになり，3g/ℓを越えると症状が激化したと報告されています[2)]。

海水を飲むと，細胞内から水が外に出てしまう

人の細胞の中にはいろいろな物質が溶けていますが，ほぼ0.9％の食塩水と似た状態にあります。一方，海水の濃度は約3.5％なので，海水を飲むと細胞の内と外の濃度差が大きくなり，細胞内から水が外に出てしまい，人間の体に必要な水分が足りなくなってしまいます（**図 23–1** で説明する浸透圧の現象と同じで，細胞膜を介して低濃度側（細胞内液）から高濃度側（細胞外液）へ水が移動することになります）。その結果0.9％で維持していた体液の濃度が高くなり，生命の危機にさらされることになります。体液の濃度が高くなると，さらに喉が渇いて水が飲みたくなり，やむなく海水を飲むという悪循環を繰り返すことになり危険です。

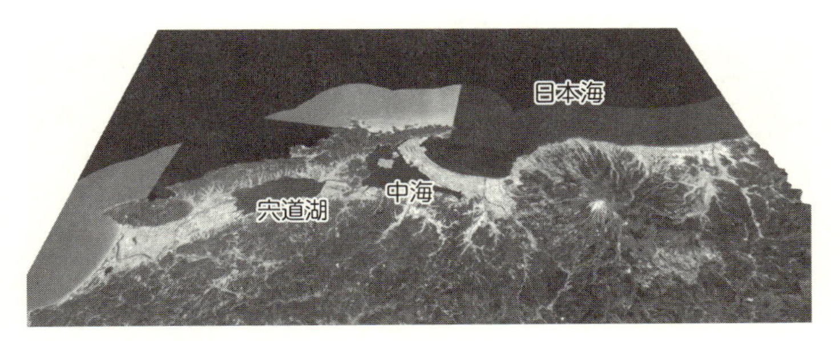

図 22-1　宍道湖と中海
※国土地理院 3D を元に作成

図 22-2　シジミ漁が行われる宍道湖
写真提供：島根県観光連盟

参考文献
1) 厚生省生活衛生局水道環境部監修：上水試験方法解説編，p.226（1993）
2) 島根県農業試験場だより，第 88 号，（1999.7）

海水を飲み水（真水）にするにはどのような方法がありますか？

question 23

Answerer 谷口 良雄

水の惑星でも水不足

地球は水の惑星といわれていますが，水不足が心配されています。確かに地球上には膨大な水が存在しますが，人間が直接利用できる水は極めて少ないのです。

地球には，約13億5,000万 km^3 の水が存在しますが，97.47％は海水等であり，残る2.53％は南極の氷山とか塩水の湖として存在し，地下水を含めて河川水として存在する淡水は，約0.8％に過ぎません。さらに，これら淡水の大部分は地下水で，比較的利用が容易な河川水や湖沼水として存在する淡水の量は地球上の水のわずか0.01％，約10万 km^3 です[1)]。

水不足が深刻になってきた要因としては，急速な経済発展が挙げられます。世界規模で工業化や都市化が進み，先進国から発展途上国まで各地で水の需要が急増して，水質汚染が加速していることも水不足の要因の1つとして挙げられます。

それを補う手段として海水の淡水化技術が普及促進されてきています。海水から飲み水を作るには，大きく分けて「水を分離採取する方式」と「塩分を分離除去する方式」との2つの方法があります。「海水の水分を分離採取する方式」の代表的なものとして，蒸発法，逆浸透法，冷凍法があります。もう1つの「海水の塩分を分離採取する方式」の代表的なものとして，イオン交換膜電気透析法があります。次にそれぞれの方法について簡単に説明します。

蒸発法

台所で鍋ややかんで湯を沸かすのと同じように，海水を熱して蒸発させ，その蒸気を冷却すると，蒸気が凝縮して水滴ができます。海水の塩分は蒸発しないので，海水の水分だけが蒸発し，蒸気が凝縮してできた水滴には塩分を含まないので淡水が得られます。一般に水は100℃で沸騰しますが，海水を蒸発させる装置の中の気圧を低くすると，低い温度（たとえば50℃）で海水を沸騰させることができます。これは，富士山の上でご飯が美味しく炊けないのは，気圧が低くて水の沸騰温度が低くなり，地上に比べてお米の加熱が不十分になることと同じ理由です。

蒸発法は，海水から淡水を得る方法としてはもっとも古くから採用されている方法です。

逆浸透法

この方法は，特殊な膜に接した海水に圧力を加えて，海水から直接淡水を分離採取する方式です。蒸発法とは異なって海水を加熱する必要もなく，常温で処理できるという特徴があり，最近急速に発展しています。（**図 23–1**）

図 23–1 には3つの図がありますが，一番左の図のように膜を介して左の部屋に淡水を入れ，右の部屋に海水のような塩分を含む塩水を入れると，淡水は膜を通って高濃度溶液側に移動します。これを浸透といいます。この浸透は膜の両側の溶液の濃度差が大きいほど長く続き，塩水側の水位が次第に高くなってきます。中央の図のように，淡水側からの浸透が止まった時点での両部屋の水位の差が浸透圧に相当し，海水の場合約 $25kg/cm^2$ です。この膜は水だけ通し塩分は通さない膜で，「半

透膜」と呼びます。この浸透作用は自然界でも見られる現象です。たとえばナメクジの表面に食塩をかけるとナメクジが萎んできますが，これはナメクジの体内の水が体外に浸透して出てくることによるものです。

右の図に示したように，塩水側に浸透圧以上の圧力を加えると，塩水側の水が膜（半透膜）を通って淡水側に移動します。海水の場合の浸透圧は約 25kg/cm^{2}ですので，これ以上の圧力をかける必要があります。実際には 60kg/cm^2 程度の圧力をかけて海水から直接淡水を分離することができます。これが逆浸透法の原理です。半透膜（逆浸透膜）の形状としては，平板型，管状型，スパイラル型（渦巻型），ホローファイバー型（中空糸型）などが実用化されていますが，海水淡水化装置としてはスパイラル型と中空糸型が採用されています。

冷凍法

海水を冷やして氷を作ると塩分を含まない氷が得られ，この氷を溶かせば淡水になります。氷を作るエネルギーは，海水を蒸発して淡水を作るエネルギーよりも少なくて済むといわれていますが，氷という固体を取り扱う工程が難しく，工業的な実績はほとんどありません。

イオン交換膜電気透析法

海水中に溶けている塩分は，陽イオンと陰イオンに分かれています。たとえば代表的な成分としての塩化ナトリウム（NaCl）は，陽イオンであるナトリウムイオン（Na^+）と陰イオンであ

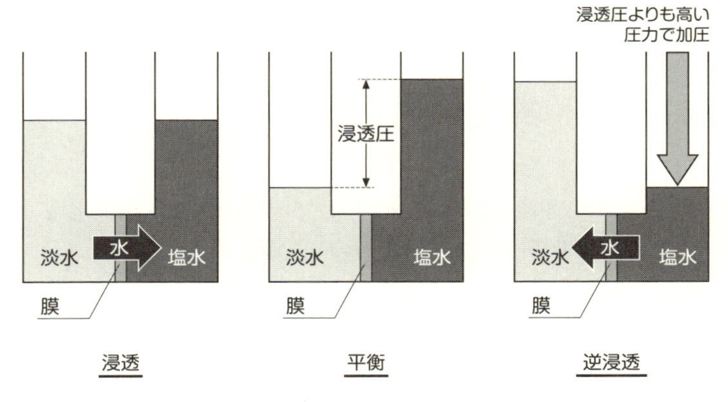

図 23-1　逆浸透法の原理

る塩化物イオン（Cl^-）とに分かれています。

イオン交換膜には，陽イオンだけを透過させる陽イオン交換膜と，陰イオンだけを透過させる陰イオン交換膜の 2 種類があります。この 2 種類の膜を交互に並べてできる部屋に海水を通し，両側から電圧をかけると陰極側に向かって陽イオンが移動し，陽極側に向かって陰イオンが移動します。陽極の側に陰イオン交換膜（したがって陰極の側に陽イオン交換膜）がある部屋では，陽イオンと陰イオンはそれぞれ膜を通って部屋から出て行き，その部屋の塩分濃度は減少してやがては淡水になります。このとき，隣の部屋へは陽イオンと陰イオンが入り込んで，塩分濃度が高くなります。日本の食塩はこの方式で海水を濃縮して製造しているのです（**Q15 参照**）。

世界の淡水化施設の推移

現在，世界の全淡水化施設の造水量は累計で 7,630 万 m^3/day で方式別割合は逆浸透法 66%，蒸発法 28%，電気透析法 3%，その他 3%となっています [2)]。従来は蒸発法が主流であったのですが，消費動力の低い逆浸透法が開発されて以降逆転しています。日本の逆浸透膜は性能が優れていて海水淡水化の市場では全世界の70％は日本製膜が占めています[3)]。

長期間航海する船での飲料水の確保は

一般に長期間航海する船舶は出航の時に，必要な量の水を搭載しており，航海期間が長いとそれだけ多くの水を積まなければなりません。しかし，運搬の荷物量で利益を出すためには，水の搭載よりも荷物の量を増やすことを優先したいところです。

通常，長期航路の船舶は途中の寄港地で船内タンクに水を補充して使用しています。

最近は海水から淡水を作る技術が進歩して，航海中に必要な飲料水や生活用水を製造する装置がコンパクトになり，船内の片隅に設置できるようになってきました。淡水化方式としては蒸発法，逆浸透法が採用されています。古くから採用されているのは蒸発法でディーゼルエンジン等の廃熱を利用して海水を温めて蒸発させた蒸気を凝縮して淡水にしています。

また，豪華客船として有名な英国のクイーンエリザベスⅡ世号には，日本製の中空糸型逆浸透膜（ホロセップ）を組み込んだ逆浸透法海水淡水化装置が搭載されていました。さらに，単独で世界一周するようなヨットにも小型の逆浸透法海水淡水化ユニットが搭載されています。

参考文献
1）国土交通省資料：World Water Resources at the Beginning of the 21st Century, UNESCO 2003 より作成
2）一般財団法人造水促進センター：造水技術ハンドブック（追補版）(2014)
3）群馬大学工業会：北関東産官学研究会共催講演会（2013 年）

海水から作った真水を生活や農業に使っているところがありますか？

question 24

Answerer 谷口 良雄

水は人が生活していく上で不可欠の資源です。通常，飲料用，炊事，洗濯，風呂などで1日当たり1人300～400ℓの水が必要ですが，世界各地には良質な水源のない地域が数多く存在します。また，従来は地下水などが利用できた地域でも，地下水の汲み上げが続いて井戸の水位が下がり，塩水が入り込んで飲用に適さなくなった地域では，塩水の淡水化装置が不可欠となります。

日本国内で生活用水確保のために海水淡水化装置を設置している地域は大部分が周りを海に囲まれた離島とか，地下の井戸水が塩水化した地域で，特に九州，沖縄に多く設置されています。

農業用水への適用は少ないが，本格検討が必要

海水淡水化で得られた淡水を農業用水として使用する例は，今のところそれほど多くはありません。温室栽培などに適用させる場合がまれに見られる程度です。しかし，農業用水の塩水化が深刻な問題になりつつあることから，今後農業用水にも淡水化を検討する箇所が増えてくることが考えられます。一例としてスペイン南部アルメリア地方の海水淡水化施設とその灌漑（かんがい）利用の実態を紹介します[1)]。

海岸から40kmほど内陸に入ったニハール（Nijar）という町では政府に働きかけて海水淡水化施設（逆浸透法）を建設し直径1.4mのパイプラインでトマト，メロン等を栽培している1826軒のビニールハウス経営の農家に給水し，点滴灌漑に利用しているとのことです。

図 24-1　スペイン南部アルメリア地方の海水淡水化施設
屋外に並んだ巨大なフィルトレーションタンク。砂利を利用してろ過する（上）。淡水化施設内部（左下）と，ビニールハウス内（右下）
写真提供：ミツカン水の文化センター　撮影：賀川督明

農家が支払う水の価格は 0.44 ユーロ /m^3（53 円 /m^3）とのことで地下水を汲み上げて使用するよりは高いが，ヨーロッパの食糧供給を支えるスペイン南部の重要性が支えになっているだろうといわれています。

参考文献　1) ミツカン 水の文化センター：水の文化，30 共生の希望（2008 年）

海水を使って作った農作物っておいしくなるのですか?

question 25

Answerer 中西 康博

はい，海水を使って農作物をおいしくすることができます。ただしそれは海水の使い方にもよるので，主に次の 4 つのことに注意する必要があるでしょう。

第 1 は使用する海水の濃度です。海水の塩分濃度はおよそ 3.5%ですが，もしそのような濃い塩水を直接かけると，作物の細胞から水分が抜け出て「脱水症状」を引き起こします。食卓にのぼるハクサイなどの塩漬けは，シャキシャキおいしいですが，その食感は，塩や塩水に漬けられた野菜の細胞から水分が染み出すことで得られます。漬物の場合はよいのですが，畑の中でそのような高い塩分濃度に作物の根がさらされると，水分を失いしなびてしまいます。そこで海水を作物栽培に用いる場合には，30 倍前後に薄めて用いる必要があります。

第 2 は対象とする作物の種類です。海水はどんな作物にも使ってよいというわけではなく，耐塩性が低い，つまり高い塩分濃度に弱いトウモロコシ，ダイコン，インゲン，ニンジンなどには不適で，反対に，アスパラガス，ネギ，トマト，ナス，ホウレンソウ，柑橘類，リンゴ，ブドウなど，耐塩性の高い作物には適していることが知られています。しかし耐塩性に優れた作物であっても，まだ根が強く大きく育っていない幼苗期に海水をかけると，根がしなびてしまう危険があります。

第 3 は作物にかける海水の種類です。海水は多様な成分を含みますが，その大半は食塩（NaCl）の成分であるナトリウムと塩素です。塩素は植物の生長に必須な微量元素のひとつ（**表 25-1**）ですが，一般的な作物には大量に必要とされません。またナトリウムはヒエ，キビ，テンサイ（サトウダイコン）な

表 25-1　植物の必須元素（植物の生長に欠かすことのできない元素）

多量必須元素：	炭素 C，水素 H，酸素 O，窒素 N，リン P，硫黄 S，カリウム K，カルシウム Ca，マグネシウム Mg
微量必須元素：	鉄 Fe，マンガン Mn，銅 Cu，亜鉛 Zn，ニッケル Ni，モリブデン Mo，ホウ素 B，塩素 Cl

表 25-2　海水の主要成分の組成

成分	濃度(g/kg)	質量百分率(%)
Cl^-	19.353	55.04
Na^+	10.76	30.60
SO_4^{2-}	2.712	7.71
Mg^{2+}	1.294	3.68
Ca^{2+}	0.413	1.17
K^+	0.387	1.10
HCO_3^-	0.142	0.40
Br^-	0.067	0.19
$B(OH)_3$	0.026	0.07
Sr^{2+}	0.008	0.02
F^-	0.001	0.003
合計	35.163	

出典：藤永太一郎監修：海と湖の化学一微量元素で探る，京都大学学術出版会（2005）

図 25-1　熊本県八代市の塩トマト
写真提供：JA やつしろ

ど一部の作物は必要としますが，ほとんどの作物には不要です。そこで推奨したいのは，豆腐づくりなどに用いられるにがり（苦汁）です。にがりに含まれるナトリウムや塩素の濃度は低くなっていることから，後述するように，海水に含まれるその他の成分による効果が，さらに期待できるでしょう。

第４は海水をかける場所です。海水を希釈したとしても，気温が高い昼間や乾燥した時期に，作物の葉や茎に直接かけたらどうなるでしょうか？　その直後には問題は起きませんが，葉や茎に付着した海水は徐々に乾燥して，作物にとって有害な濃度にまで濃縮されかねません。ですから，海水は作物そのものにではなく，土にかけてあげることが大切です。土には多少なりとも水が含まれているので，急に乾燥して塩分が濃縮される可能性が低くなります。

以上が海水を使って農作物を栽培する場合に注意すべき要点です。一度チャレンジしてみてはどうでしょう。

でも海水を使うと作物はなぜおいしくなるのでしょう？　その理由として，少なくとも次の３つが考えられます。

第１は，海水には多種多様な成分が含まれることに関係します。海水に含まれる主要な成分と量を**表 25–2** に示しました。この表と前掲の**表 25–1** を見比べてみてください。海水はカルシウム，マグネシウム，カリウムをはじめ，硫黄やホウ素といった多くの植物必須元素を含むことがわかります。つまり海水をかけるということは，これらの必須元素を作物に供給することを意味します。ちなみに雨や雪の成分は本来，真水（H_2O）に近いことから，栄養をほとんど含みませんし，河川水や地下水に含まれる栄養も海水に比べるとわずかです。また作物栽培で主に用いられる化学肥料の成分は窒素，リン，カリウムが主体で，それほど多様ではありません。

第２は，海水による作物の甘みやうま味の増大効果です。実際にトマトやメロンなどの収穫の少し前に希釈海水をまくと，糖度やアミノ酸などの濃度が上昇することが知られています。このような変化に関する仕組みは，実は科学的に十分わかっていませんが，塩分濃度の高い水をまくと土壌水の浸透圧が高くなり，作物が十分な水を吸えなくなることへの対応を作物自体がする結果，糖度やアミノ酸などの濃度が高まります。

第３は，塩分の高い環境下では，作物の生育を阻害する病気の一部が発生しにくくなるからです。たとえば，トマトに壊滅的な被害を与える青枯れ病を発生させる菌は，高い塩分濃度を苦手とすることが古来知られていて，トマト畑に海水をかける，あるいは土の中の塩分濃度が高い，たとえば輪中などの地域で，わざわざトマトを栽培する場合があります。**図 25-1** に示した写真は，塩分濃度の高い土壌で栽培されているトマトの一例です。

海洋深層水から作った製品や利用方法はどんなものがありますか？

question 26

Answerer　藤田 大介

海洋深層水は，太陽光が届かず，陸や大気の影響を受けない 200m 以深から汲み上げられている海水で，通常の海水と同様に塩やミネラルを含むだけでなく，(1)低温性，(2)富栄養性，(3)清浄性，(4)水質安定性，という特性に恵まれています。国内には 15 カ所に取水施設があり，「使い勝手のよいきれいな海水」としてさまざまな分野で利用されています。

どこの取水地でも販売されているのが，塩・にがりおよび飲料水です。塩は，昔ながらの製法で海洋深層水を煮詰めている場合もあれば，イオン交換膜を用いて製塩している場合もあります。飲料水は，イオン交換膜を通して塩化ナトリウムを除去した後にカルシウムやマグネシウムなど 2 価イオンを加えてミネラルバランスを調節し，硬度を 250 ないし 1,000 まで高めた製品が多くみられます。飲みやすい水（硬度 10～100）とは言い難いですが，血流や便秘の改善などの効果が認められており，健康志向の飲料水として根強い人気があります。飲み物では，スポーツドリンク，ジュース，酒，焼酎，ビール，ワインなどにも海洋深層水製品があります。

海洋深層水を使った食品には，味噌，醤油，干物，塩辛，蒲鉾，漬物，豆腐，納豆，パン，麺類，菓子などがあります。味噌や醤油では「塩角が取れた」まろやかな味わいになると定評があり，麺汁にも使われます。発酵食品ではミネラルの添加効果により発酵が促進され，干物では雑菌の繁殖が減り生臭さが抑えられます。菓子では，塩飴，塩羊羹，塩饅頭，芋けんぴ，寒天，ゼリー，アイスクリームなどをよく見かけます。

海洋深層水で育てられた水産物を口にする機会も増えていま

図 26-1　海洋深層水を使用した商品
スポーツドリンク「ミウ プラス スポーツ」，泡盛「瑞泉 碧」，味噌「北海道大豆みそ 手造り【八雲】」，ゼリー「土佐の日曜市」
写真提供：（左から）ダイドー，瑞泉酒造，服部醸造，浜幸

す。完全養殖されているのがスジアオノリです。古来，河口域で天然藻体が採取され，近年は養殖も行われていますが，資源の変動が著しく，供給が不安定でした。近年，富栄養の海洋深層水を用い，藻体を浮遊させながら培養する方法で陸上養殖できるようになりました。海藻では，ウミブドウ（クビレズタ），オゴノリなども海洋深層水で栽培され販売されています。

魚介類では，クルマエビの親エビ養成と種苗生産が海洋深層水を用いて行われており，生産された種苗（幼生）が養殖業者に販売されています。エゾアワビやカキは海洋深層水で蓄養されています。エゾアワビは，配合餌料で育てられた後，同じく深層水で培養したコンブを与えて肉質を改善してから出荷されています。カキは，首都圏でもオイスターバーが何軒もできるほど人気の食材ですが，ノロウイルスや貝毒が発生すると出荷

できなくなります。このため，主要産地のカキを海洋深層水利用施設に集荷し，一定期間，流水で飼育し清浄化した後に，安心安全の食材として出荷している業者もあります。アマエビ（ホッコクアカエビ）やズワイガニなど深海の甲殻類も，海洋深層水で蓄養して活力を高めてから出荷されています。

取水地によっては，農業にも海洋深層水が使われています。農作物によっては，根を冷やすと高温障害を避けたり開花を調節したりできるようになります。実際に，亜熱帯域の取水地では海洋深層水を通したパイプにより圃場（ほじょう）の地中を冷却し，ホウレンソウが育てられ販売されています。このほか，深層水や脱塩水により養液栽培したり葉面に散布したりすることよって，施肥の低コスト化や糖度の上昇に成功している例もあります。

海洋深層水の利用は医療健康分野にも及んでいます。タラソテラピー（海洋療法）の温浴，医師の指導の下でのアトピー性皮膚炎の改善にも用いられ，入浴剤，シャンプー，化粧品なども市販されています。

さまざまな深層水の製品・利用を紹介してきましたが，日本の沿岸では，古来，海水を汲み上げて塩を得ていたほか，風呂水や調理・加工用の液体塩としても利用していました。今も，海水風呂や，潮汁（うしおじる），潮豆腐，壷漬などの料理にその名残を留めています。しかし，高度成長期には沿岸の海水が汚染され，地形も一変し，水道の普及や塩の専売により，海水利用の文化は廃れつつありました。後に，塩の販売が自由化されると，各地で地場産の塩が復活しました。しかし，海洋深層水の陸上取水とその普及は，それ以上に爆発的な海水利用の広がりを引き起こしました。「海水利用文化のルネッサンス」といっても過言ではないでしょう。

ところで，海洋深層水に世界で最初に注目したのは，ダルソンバールというフランスの物理学者で，19 世紀末のことでした。彼は，熱帯の表層と深層の水温差（20～25℃）を利用して発電するという海洋温度差発電（OTEC）の可能性を示しました。この技術はその後も検討が進められましたが，初期投資費用が莫大であるため，なかなか実現しませんでした。しかし，このアイデアは石油ショックを経て見直され，1970 年代以降，ハワイ，富山湾，インド，久米島などで実証実験が行われて来ました。昨今，温暖化防止の認識が高まり，自然再生エネルギーが注目される中で，海洋温度差発電は熱帯・亜熱帯，特に島嶼（とうしょ）域のエネルギー確保と産業基盤形成の切り札となるかもしれません。

深いところにある海洋深層水を，どのように汲み上げるのですか？

question 27

Answerer　齋藤 隆之

海洋は成層構造と呼ばれる層状の構造を持っています。この層状の構造は低緯度から中緯度地域では明瞭ですが，高緯度になるほど層状の構造が不明瞭になります。はっきりした層状の構造であることは，海水が上下に混合しないことを意味します。つまり，明瞭な成層構造を持つ海域の数百mの深度の海水には，海面付近の種々の不純物を含む海水が混入しないことを意味します。安定した水質の海水が，季節に関係なく存在することになります。この成層構造に関しては，研究・技術分野によりその定義が異なりますが，ここでは以下の定義に従って，本稿を書き進めます。海表面から水深200〜400mを表層と呼び，季節により層厚が変化します。表層と深層とに挟まれた部分を中深層と呼び，3,000m以深を深層と呼びます。

現在のところ，海洋深層水の取水水深は300〜700mで，表層下部から中深層上部に位置します。海底石油採掘の最大水深は800〜1,000m（1,500mという記録もあります）ですから，それよりも浅いことになります。米国中央に広がる穀倉地帯であるグレートプレーンズの地下にはオガララ帯水層と呼ばれる広大な地下水脈が広がっていますが，地表からこの帯水層の地下水面までの深さは30〜120mです。海洋深層水の取水水深はそれよりも深いことになります。つまり，海底石油開発深度と地下水汲み上げ深度との中間に位置するのが，現在の海洋深層水の取水深度となります。このことから，従来の産業分野で使用されてきたポンプを改良すれば，比較的容易に所定水深から海洋深層水を汲み上げることができます。もちろん，いろいろな工夫が必要です。

水深700mから汲み上げるといっても，高圧ポンプが要るわけではありません。

図27-1(a)にポンプとパイプラインによる一般的な海洋深層水汲み上げ装置の概念を示します。ポンプが海面より下に設置されていることに気づかれたことと思います。まず，この理由を，**図(d)**を使って説明します。同図の下部水槽内の水面には大気圧が作用しています。この大気圧が重要な役割を果たします。ポンプを始動する前に，吸い込み管内が水で満たされていれば，ポンプの始動とともにポンプ吸い込み口の圧力が低下し（＝吸い込み管内の圧力が低下），大気圧との圧力差により下部水槽内の水が吸い込み管に吸い込まれます。うまく吸い込まれるためには，$H_1 = h_1 - h_2$は大気圧に相当する水の高さ（水柱といい，単位はmです）より小さい必要があります。この大気圧を水柱で表すと約10mです。つまり，H_1は10m以下でないとポンプに下部水槽内の水を吸い込むことができません。一方，ポンプの揚水管の方は，ポンプの出口での押し出し圧力が高ければ，h_3は100mでも1,000mでも高くすることができ，問題なく揚水することができます。当然ながら，h_3が大きければポンプにはそれに見合うパワーが必要となります。**図(a)**のように，ポンプを海面より低い位置に設けることで，大気圧とh_2の水柱に相当する圧力が作用することにより，パイプライン（取水管と吸い込み管とを兼ねる）内に海洋深層水が効率良く吸い込まれます。

図(e)をご覧ください。パイプラインの中は海水で満たされ，かつ出口にはバルブが付いています。海中にあるパイプラインの周囲も海水です。さらに，$h_1 = h_2 + h_4$ ですから，海中にあるパイプライン内の圧力はどこでも，外部の海水とバランスしています。つまり，取水口の圧力は外部の海水と同じ圧力となります。パイプライン出口のバルブを開くと，h_2 に相当する分の圧力差があるため，パイプライン内の海水は押し出され，それとともに海洋深層水がパイプラインに流入し，取水されます。水深 700m から取水するのに，高圧ポンプは必要ありません。

管内を液体が流動すると，液体の持つ粘性（粘りの度合い）により液体と管壁との間に摩擦力が作用します。この摩擦力により，圧力損失と呼ばれる圧力の低下が生じます。この圧力損失は管長に比例するとともに，管内径に反比例し，流速の 2 乗に比例します。また，管壁の粗さに影響を受け，管壁面が粗いほど圧力損失は増加します。読者の多くは，細く長いストローでジュースを飲むと抵抗を大きく感じ，太く短いストローで飲むと抵抗を少なく感じた経験をお持ちのことと思います。これと同じ原理です。パイプライン内を海洋深層水が流動する際にも，この圧力損失が発生します。したがってパイプラインの下流になるほど，管内圧力は低下します。圧力が低下し過ぎると，うまく吸い込まれなくなる（取水できなくなる）ので，パイプラインのポンプ上流部の長さには限界があります。この限界を越えないように，h_1，h_2 ならびにパイプライン長と管径が決められます。高圧ポンプを使っても事情は同じです。ポンプの吸い込み側にはこのような制約条件があります。

図(a) のほかに，**図(b)** あるいは **図(c)** の方法もあります。**(b)**

(a)

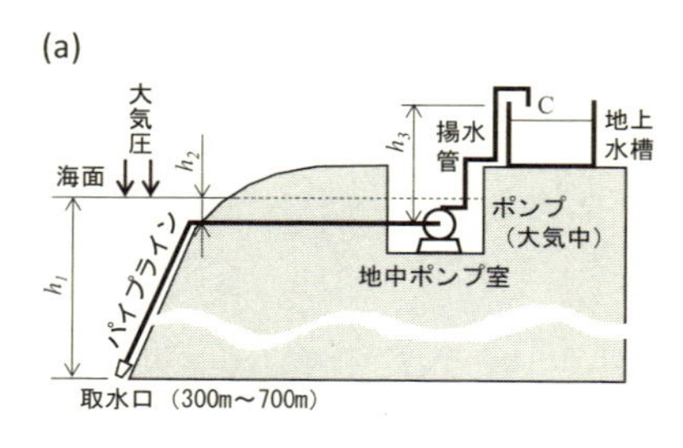

(d)

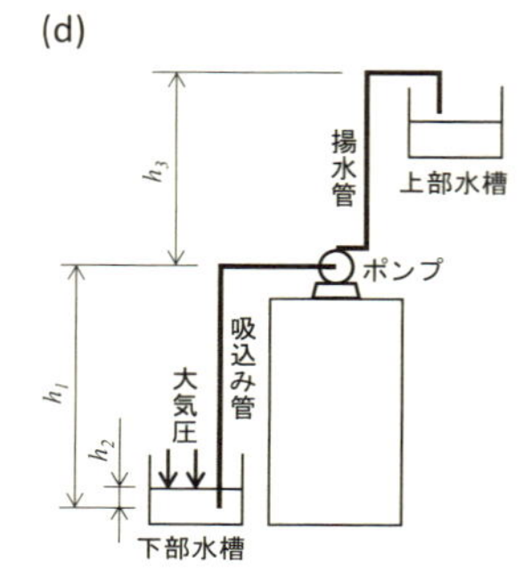

(b)

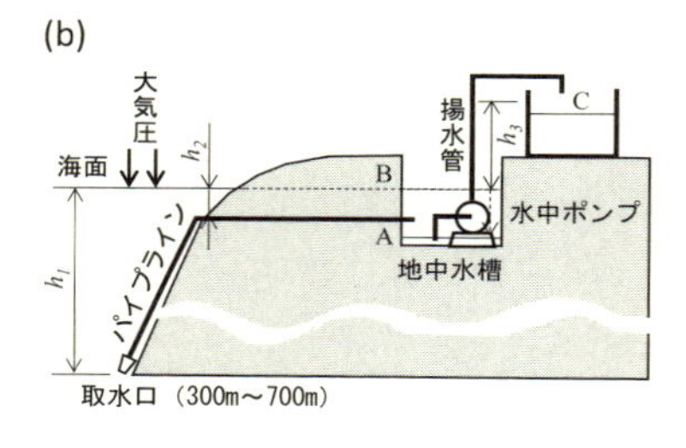

(e)

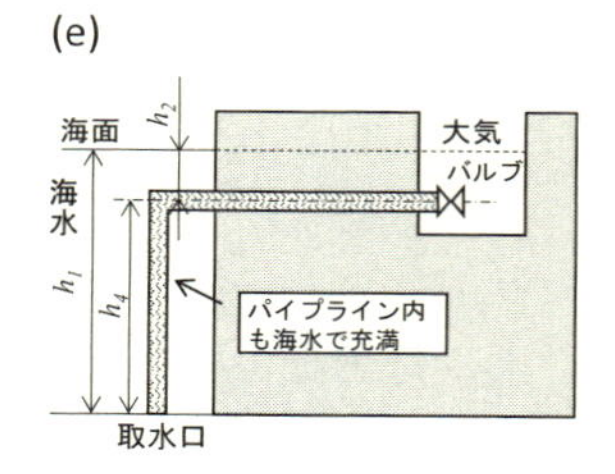

(c)

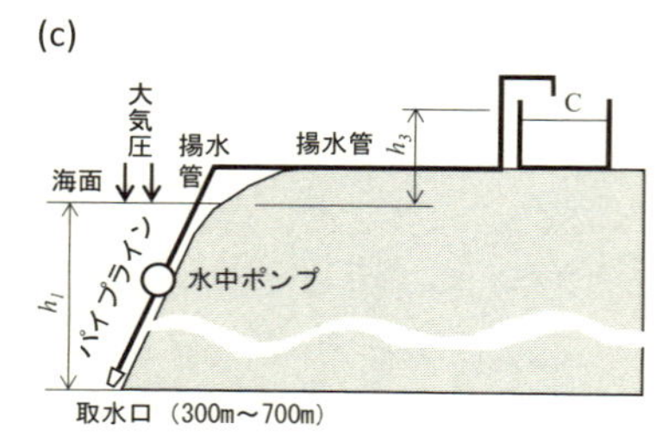

図 27-1　海洋深層水の汲み上げ方法

2
海水の疑問

方式の場合，水面 A と海面 B との水柱差 h_2 により取水口から海洋深層水がパイプラインに流入します。h_3 がゼロになるまで地中水槽に海洋深層水が流入します。流入した海洋深層水を水中ポンプにより，地上水槽に揚水します。つまり，地中水槽水面と揚水管出口 C までの水柱差 h_3 に相当する圧力と揚水管内で発生する圧力損失分を加えたポンプ出口圧力があれば，地上水槽に揚水できます。**図(c)**は，パイプラインの途中に水中ポンプを設置し，吸い込んだ海洋深層水を地上水槽に揚水する方式です。つまり，海面と揚水管出口 C までの水柱差 h_3 に相当する圧力と揚水管内で発生する圧力損失分を加えたポンプ出口圧力があれば，地上水槽に揚水できます。この水中ポンプ方式の場合にも同ポンプ上流の吸い込み管で発生する圧力損失による管内圧力の低下のために，むやみに吸い込み管長を大きくすることはできません。このように，水深 700m から取水するといっても，h_3 だけ揚水すればいいので，高圧ポンプは必要ありません。圧力という面に作用する力（厳密には応力といいます）の面白さです。

海底地形，地上地形，干満差，目的とする海洋深層水の深度，後背地，運転コスト，メンテナンスコストなどを吟味して，方式の選定と詳細設計が行われます。

どのようなポンプですか？　またパイプラインは？

使用されるポンプは回転式ポンプです。剛性の高い羽根車を高速で回して，押し出し圧力を発生するタイプのポンプです。他にも遠心ポンプ，軸流ポンプなどがあります。海洋深層水の汲み上げには遠心ポンプが使われることが一般的です。海水による腐食や貝類の付着など種々に気を配る必要がありますが，日本には，火力発電所の冷却用に海水を大量に汲み上げる世界トップのポンプ技術があります。海水でも腐食し難い材料（ステンレス）も世界トップレベルです。これらを巧みに応用することで，耐久性と信頼性の高いポンプが海洋深層水の汲み上げ装置に使われています。

パイプラインには，敷設が容易，堅牢，耐腐食性かつ安全性の高い硬質ポリエチレンパイプが使われています。さらに，敷設時にかかる自重で切れたりしないように鋼線やステンレス線で補強されたパイプが使用されています。

日本は海に囲まれた国であり，基盤産業が発達，充実しています。造船，機械，鉄鋼，プラスチック，さらに海水の淡水化などの産業技術は世界トップです。長年にわたって培われたこれらの技術を賢く使うことで，環境に配慮しつつ海洋深層水を上手に使うことを可能としています。

海水で発電できるって本当ですか？

question 28

Answerer　比嘉　充

これまでの質問にあるように海水にはナトリウムイオン，塩化物イオン，マグネシウムイオン，硫酸イオンなどのイオンが溶け込んでいます。日本近郊の海水はおよそ3.5％の食塩水（NaCl水溶液）に相当する濃度です。この塩分を含む海水と河川水などの塩分をほとんど含まない淡水の間には塩分濃度差エネルギーがあるのです。たとえば1m^{3}の海水と1m^{3}の河川水を混ぜると理想的には1.7MJのエネルギーが発生します。つまり世界中の河口付近で海水と河川水が混ざり合うとき，常にこのエネルギーが発生して熱として消えていきますが，このエネルギーを電気に変えることができれば，環境に負荷をかけず，国産のエネルギーを得ることができます。

ではどのようにこの塩分濃度差エネルギーを利用して発電するのでしょうか。いくつか方法はありますが，膜を使用する代表的な技術に浸透圧発電（Pressure Retarded Osmosis: PRO）と逆電気透析（Reverse Electro Dialysis: RED）発電があります。

まず，浸透圧発電の原理を**図28-1**に示します。ナメクジに塩を振りかけるとナメクジが萎れて，水が出てきますね。これは半透膜（水分子は通すが，イオンなどの溶質は通さない膜）の両側に濃度差の異なる溶液が存在するとき，水分子が低濃度側から高濃度側に移動する現象（浸透現象）です。この現象により，**図28-1**に示すように半透膜の片側に海水，反対側に淡水があるとき，淡水側から海水側に半透膜を通って水が移動します。そしてその水面の高さが約250mになるときに，やっと水の移動が止まります。このときの水圧差のことを浸透圧差と呼びます。水力発電と同じように，この水圧を利用して発電

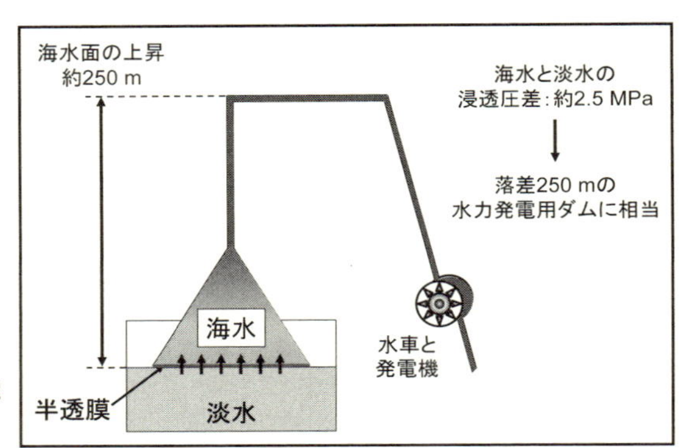

図 28-1
浸透圧発電
の原理

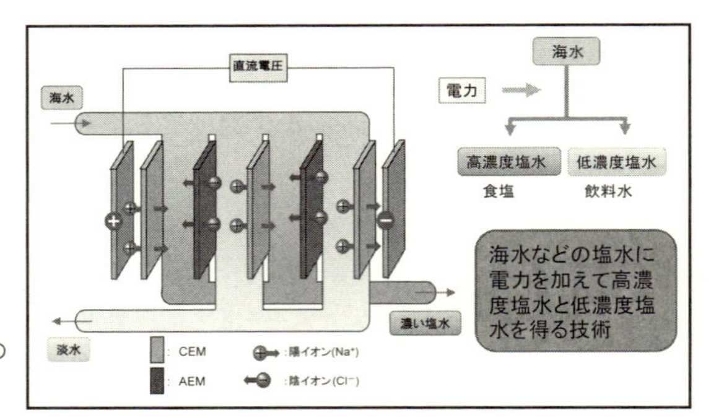

図 28-2
電気透析の
原理

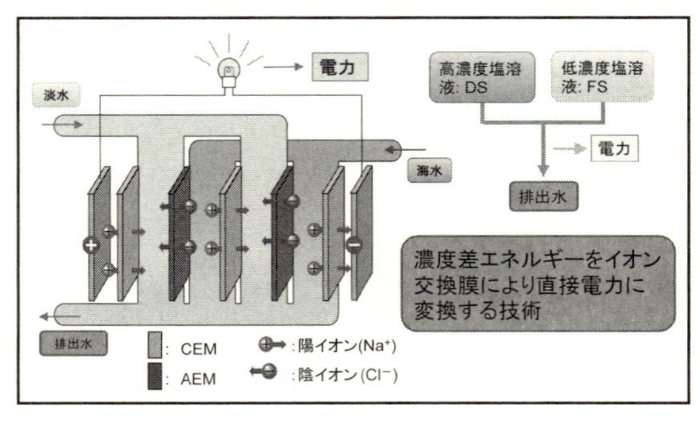

図 28-3
逆電気透析
発電の原理

機に接続した水車を回すことで電力を得る技術が浸透圧発電です。

次に逆電気透析の説明をしますが，その前に電気透析の原理について**図 28-2** を用いて説明します。電気透析は陽イオンを選択的に通す陽イオン交換膜（CEM）と，陰イオンを選択的に通す陰イオン交換膜（AEM）をそれぞれ交互に 2 つの電極の間に配置した構造を持ちます。この CEM と AEM の間に海水などの塩水を流しながら，2 つの電極に直流電圧を加えます。すると海水に含まれる陽イオンはマイナス極に，陰イオンはプラス極に電圧により移動しようとします。そのとき，先ほど述べましたが CEM は陽イオンのみを，AEM は陰イオンのみを通すので，**図 28-2** に示すように供給される海水中のイオンの濃度が高まる側と濃度が低下する側ができて，海水よりも高濃度の塩水と，淡水が得られます。わが国ではこの技術で海水から食塩や，飲料水を製造しています。

逆電気透析発電の原理を**図 28-3** に示します。逆電気透析発電はその名の通り，電気透析の逆プロセスで，その装置は電気透析と同じ構造をしています。電気透析は**図 28-2** のように電力を加えることで高濃度塩水と低濃度塩水，つまり濃度差の異なる 2 つの塩水を作る技術ですが，逆電気透析は，逆に濃度差のある 2 つの溶液を，装置に供給すると 2 つの電極に電圧が生じることで，直流の電力を得ることができます。それではなぜ，電圧が生じるのでしょうか。それは逆電気透析装置の内部の CEM または AEM の両側にはそれぞれ，濃度の異なる塩水（海水と淡水）が供給されています。たとえば，コップの中の水にインクを垂らすとインクがコップ全体に広がっていくように，溶液中のイオンも高濃度側から低濃度側に移動しようとします（拡散現象）。海水中の陽イオンと陰イオンもそれぞれ，濃度の低い淡水側に移動しようとしますが，上に述べたようにCEMは陽イオンをAEMは陰イオンを選択的に通すため，全体でみると，陽イオンと陰イオンの偏りが生じます。この偏りによって電位が生じるのです。1対のCEMとAEMで約0.15Vの電位が生じます。すると，10対のCEMとAEMで乾電池と同じ1.5Vが生じ，3,000対では450Vになります。

浸透圧発電と逆電気透析発電の違いは，浸透圧発電がイオンに対して水を選択的に通す半透膜を用いるのに対して，逆電気透析はイオンを選択的に通すイオン交換膜を用いることです。また浸透圧発電は水車や発電機などが必要で，半透膜を用いて濃度差エネルギーを高圧の水流に変換し，水車によってその水流が持つエネルギーを運動エネルギーに変え，それを発電機で電気エネルギーに変換するため，エネルギー変換のロスが大きくなります。一方，逆電気透析はイオン交換膜と電極を用いて濃度差エネルギーを直接，電気エネルギーに変換します。

浸透圧発電や逆電気透析などの濃度差エネルギーは，太陽光発電や風力発電などと同じ再生可能エネルギーの1つで環境にやさしいエネルギー変換技術です。それだけではなく，濃度差エネルギーは太陽光発電や風力に比べ，設置面積が少なくて済み，また太陽光発電の稼働率は約10%，風力発電が約20%と低いのに比べて，濃度差エネルギーの稼働率は原理的には100%であるため，最近，特に注目されている技術です。

人工海水って天然の海水とどのように違うのですか？

question 29

Answerer 土井 宏育

人工海水とは無機塩類の組成，濃度，比率および浸透圧が海水とほぼ同様な，人為的に調製された水溶液のことをいいます。ごく微量の成分を含めると，天然の海水には極めて多くの元素が溶解していますので，完全に天然海水を再現することは困難です。そこで本稿では人工海水を次のように定義します。

海水の主成分であるナトリウムイオン，マグネシウムイオン，カルシウムイオン，カリウムイオン，塩化物イオン，硫酸イオン，炭酸水素イオンのほか，微量成分として利用目的に応じて必要なイオン類を含み，天然海水とほぼ同等の浸透圧，pH を有する人工的に調製した模擬海水のこと。

人工海水は海水を簡単にとることができない海から離れた場所で，主として海洋生物の飼育などに利用されています。これまでに人工海水は家庭用など，比較的小規模な観賞用生物の飼育に用いられることが多かったのですが，最近ではより規模が大きい水族館で天然海水を飼育水として使わず，人工海水の利用が実用化されています（現在，京都水族館，すみだ水族館で人工海水を使用）。人工海水を使うことにより，海から比較的離れた内陸の水族館では海水の運搬にかかるエネルギー消費を減らし，不純物が少ない一定の品質の飼育水が得られるというメリットがあります。

他に人工海水はどんなところで利用できるでしょうか。たとえば将来予想される地球的食糧問題を克服するために，陸上での水産増養殖が注目されています。陸上養殖では従来の海面，内水面養殖と比べて漁業権の問題がなく，台風や赤潮による被害が抑えられるという優位性があります。陸上での海産魚の種

図 29-1　人工海水による飼育を行っている京都水族館とすみだ水族館
写真提供：京都水族館，すみだ水族館

苗生産に必要な人工海水中の元素について研究が進められています。

参考文献　1）土井宏育他：特集「水産増養殖における人工海水の利用」，日本海水学会誌，69，pp.224-255（2015）

section 3
海の生物と資源の疑問

海の魚や動物が塩辛くないのはなぜですか？

question 30

Answerer 髙瀬 清美

マグロ，エビ，ホタテ，イカなどのお刺身を食べるとき，私たちは大抵，醤油を付けます。海水を舐めると，とても塩辛いですが，お刺身に醤油を付けずに食べても塩辛くはありません。海に棲む生き物は，海にいる限り，たくさんの海水を摂取していますが，それでも，塩辛くならないのは，取りすぎた塩類を排出する機構を持っているからです。

体液の塩類濃度は「浸透圧」により変化します。浸透圧とは，濃度の異なる２種類の水溶液が半透膜で隔てられている場合に，濃度の低い方から高い方へ水が引っ張られる力のことをいいます。生き物の細胞膜も，水のような溶媒（ものを溶かしている液）は通しますが，塩類のような溶質（溶けているもの）は通さない「半透性」に近い性質をもっています。生物は完全な半透性の膜を持っているわけではないので，わずかに溶質も出入りします。細胞の内外では，細胞膜をはさんで，水は溶質の濃度の濃い溶液の方に引っ張られます。きゅうりの漬物を漬ける時，きゅうりに塩を振って何時間か置くと，水分がたくさん出て，いい塩梅にきゅうりが浸かるのはこのためです。

海に棲む魚はどうでしょうか？　多くの海水魚の血液の塩類濃度は海水の約３分の１といわれています。海水魚の血液よりも，海水の塩類濃度の方が高いので，水は外側に引っ張られ，主にエラから受動的に失われていきます。同時に，塩類も体内に入ってきます。水不足を補うために，海水魚は多量の海水を飲み，腸で水を吸収します。しかし，水の移動は塩類の移動にともなって生じるため，海水中の塩類も大量に吸収されることになります。この余分な塩類は，腎臓の働きによって尿として，

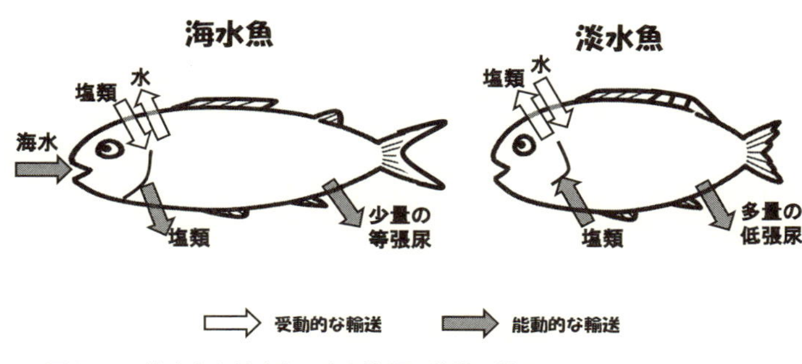

図 30-1　海水魚と淡水魚の水と塩類の輸送の様子

少量の水分と一緒に排泄されますが，魚は血液より高い塩類濃度を持つ尿はつくれません。余分な塩類（主にナトリウムや塩素）の排泄には，腎臓以外の経路，すなわちエラという器官が重要となります。エラには塩類細胞という特殊な細胞があり，そこで余分な塩類は能動的に排出されることになるのです（**図30-1**）。

一方，淡水魚では，周りの水よりも血液の塩類濃度の方が高いので，エラから水が侵入してくると同時に，塩類は漏れ出ていきます。そのため，腎臓の働きにより，多量の薄い尿として，水を排泄し，エラにある先ほどとは別の塩類細胞によって塩類を取り込みます。また，ウナギ，サケ，ハゼのように，海と川を行き来する魚や，海水と淡水の混ざり合うような場所にいるような魚は，その時の周りの塩類濃度に応じて，海産魚と淡水魚が行っている塩類調節機構をうまく使い分けられるようになっています。

では，エビやカニ（節足動物），ホタテやイカ，タコ（軟体動物）などは，どうでしょうか？　これら海産の無脊椎動物の場合，血液の塩類濃度は海水とあまり変わらないといわれています。海産無脊椎動物では，周りの水の塩類濃度が変化すると，それにともない体内の塩類濃度も増減します。しかし，海産無脊椎動物を食べても，海水のように塩辛くは感じません。塩類というと，「塩」すなわち塩化ナトリウムをまず思い出すのではないでしょうか。確かに，私たちが主に塩辛さを感じるのは「ナトリウム」であり，ナトリウムは塩素とペアになった時に最も塩辛く感じます。しかし，生き物の体や海水中には，ナトリウムや塩素だけでなく，マグネシウムやカルシウム，カリウム，硫黄，リンなどさまざまな塩類が存在します。海水と同様に血液中には，塩辛さのもとであるナトリウムや塩素が多く含まれますが，生き物の体のうち，血液が占める割合はごくわずかです（人では体重の約 13 分の 1）。加えて，私たちが普段，お刺身などで食べている部分は，主に筋肉です。血液と同じ浸透圧でも，筋肉などの細胞中にはカリウムやリン酸などの成分が多く，タンパク質，アミノ酸や有機酸（旨みの成分）なども一部の塩類の代わりに浸透圧の維持に役立っています。海水と比べて塩類の総量も少ないので，お刺身やお寿司を食べても塩辛く感じることはないのです。

参考文献　1) 田村 保：魚類生理学概論，恒星社厚生閣（1991）

海水の中でマングローブやアマモが枯れないのはなぜですか？

question 31

Answerer 角田　出

一般の高等植物は，高塩分下におかれると，吸水力が低下し，葉に十分な水分を供給できなくなります。これに対し，通常0.5％以上の塩分濃度（海水は約3.5％）に耐えて生育できる陸上の高等植物を塩生植物といいます。この仲間には，マングローブやアッケシソウなどが含まれます。マングローブは，亜熱帯や熱帯地方の遠浅な海岸や河口域などで，根元が海水や汽水（淡海水）につかった状態で生育している木の中で，細胞の浸透圧（半透膜を介して，濃度の高い側が低い側から水を引き込む力）が付近の海水よりも高く，地盤の弱いところで体を支えたり通気の働きをしたりする，支柱根（しちゅうこん）・筍根（じゅんこん）・膝根（しっこん）・板根（ばんこん）などの変わった根を持ち，胎生種子（母樹上で発芽し，根や葉を伸ばしてから地上に落ちて生育する種子）をつくる特性を備えた，オヒルギ，ツノヤブコウジ，ニッパヤシ，ヒルギダマシ，メヒルギ，ヤエヤマヒルギなどを含む，80種類ほどの樹木の総称です。

一方，アマモ（別名：リュウグウノオトヒメノモトユイノキリハズシ＝竜宮の乙姫の元結の切りはずし）は，北半球の温帯から亜寒帯にかけての水深1～数mの沿岸砂泥地に生育する海草類（海に里帰りした多年生の顕花植物で，種子や地下茎で増えます）で，世界に約60種類が分布しています。

塩生植物や海草類が高塩分環境下で生き抜くためには，その環境下でも体内に必要量の水を取り入れることができる，余分な塩分を体内に入れない，余分な塩分を体外に排出することができるなどの戦略オプションが必要です。

周辺の海水中から直接，葉や茎が吸水できるアマモのような海草類を除くと，根から吸収した水を，地上部が必要とする量供給できるかどうかは陸生植物にとって死活問題です。水の吸収・移動量は，水を動かす力（根の内側と外側の水ポテンシャル差など）と細胞の水透過性（細胞膜の基本組成は脂質二重層であるため，水は自由に通過できるわけではありません）の積によって決まります。

植物体内の水ポテンシャルが根の周りの同値よりも低いと，水は体内に吸収されますが，環境水の塩分濃度が高まることで，根の周りの水ポテンシャルが下がると，植物の吸水力は低下します。そのため，高塩分環境下に生育している植物の多くは，カリウムなどの無機塩類に加えて，糖類やアミノ酸類のような有機物を細胞内に溜め込んだり，葉の気孔の開閉等を介して水ポテンシャルを低くしたりすることで，吸水を可能にしています。

一方，細胞の水透過性については，細胞膜に存在するアクアポリン（水分子を選択的に通過させることができる細孔を持ったタンパク質で，通常，４つ集まって水チャンネルとして機能しています）の遺伝子発現量が関係していることが報告されていますが，アクアポリンの種類や機能は多様であり，塩生植物における挙動についても調査が進められているところです。

塩分ストレスに対抗するために，多くのマングローブは，茎や葉，特に葉に，塩類腺と呼ばれる，過剰な塩分（塩化ナトリウム）を排泄するための構造を発達させています。塩類腺を構成している腺細胞は，葉緑体を欠き，大きな核や多くのミトコンドリア（大量エネルギーの発生装置）を持つとともに，細胞

図 31-1　沖縄本島のマングローブ林。写真右は慶佐次湾のヒルギ林
写真提供：沖縄観光コンベンションビューロー

膜の表面にはたくさんのヒダがあります。そして，腺細胞は，外界の塩分濃度が高まると活発に働き出し，細胞壁を貫く細い細胞質の糸で結ばれている葉肉（葉緑体を含む）細胞から塩化ナトリウムを除き，葉の表面に分泌（塩排泄）するようになります。外界の塩分濃度が低いときには，根から吸収した塩分を細胞内の液胞内に貯えることによって，光合成などの生理作用に影響を与えないようにして細胞の浸透圧を高め，根からの水吸収を容易にしています。

ヒルギの仲間などでは，水とともに吸収してしまった余分な塩分を葉にため込んでおき，塩分を過剰に蓄えた葉を落とすことで大量の塩分を体外に排出するという技も使われています。

マングローブやアマモの葉の細胞表面や液胞膜には高い Na^+/H^+ 交換輸送体（Na^+ 濃度勾配を利用して細胞内の H^+ と細胞外の Na^+ を 1：1 で交換輸送する交換輸送体）等の活性が認められており，この酵素は細胞質から外界，細胞間隙や液胞内への塩化ナトリウムの輸送に働いていることが分かってきました。

また，塩分の多い環境下で生育している植物の多くは，ショ糖，トレハロースなどの糖類，プロリンやグリシンベタインなどのアミノ酸類を細胞内に溜め込むとともに，細胞内にカリウムを取り込み，逆に，酵素反応などを阻害する可能性が高いナトリウムを排泄するなどして，細胞内のナトリウム濃度上昇を抑えていることも分かっています。

塩分の多い環境下でマングローブやアマモが枯れないで生育できるのは，彼等が高塩分下でも生育に必要な水を得る力，余分な塩を排泄したり，細胞内への塩の侵入を阻止したりする機能を持っているためです。

参考文献
1) Larkum A.W.D., McComb A.J., Shepherd S.A.: Biology of Seagrasses A treatise on the biology of seagrasses with special reference to the Australian region, Elsevier（1989）
2) Munns R., Tester M.: Annual Review of Plant Biology, 59, 651-681（2008）
3) 川名祥史，笹本浜子，芦原坦：海水誌，62，pp.207-214（2008）

海の生物には特別な元素をため込むものがあるのですか？

question 32

Answerer 髙瀬 清美

海水には自然界に存在する92種類の元素がすべて溶け込んでいます。海の生き物の中には，この中から特定の元素を体内に高濃度にため込むものがいます。

たとえば，ホヤは，海水中には極めて微量にしか存在しないバナジウムを，1,000万倍近い濃度で血球中にため込みます。ヒトの血液では，酸素を運ぶ役割をするのはヘモグロビンです。ヘモグロビンとは，ヘムとグロビン，つまり鉄とタンパク質が結びついたものであることを意味しています。ホヤでは，鉄の代わりにバナジウムがその役割を担っているため，バナジウムが血球中にため込まれています。同様に，ホタテガイはマンガン，ゴカイは鉄，エビ・カニなどの甲殻類やイカ・タコなどの軟体動物は銅を血球の中にため込んでいます。

また，貝類では一部のグループを除いて，ほとんどが貝殻を持ちます。貝殻は主に炭酸カルシウムでできていますので，多くの貝がカルシウムと炭素をため込んでいることになります。さらに，アワビやサザエ等の巻貝の仲間は，餌を食べる時に使う器官として，歯舌という硬い組織を持っています。歯舌（しぜつ）は，「おろし金」のような形状で，これで岩についている藻類をこそげ落として食べ，歯がすり減ると新しい歯が後ろから押し出されてきます。歯舌には，鉄，カルシウム，リン，銅，ケイ素などの元素がため込まれていますが，特にヒザラガイでは，磁石にくっつくほど高濃度に鉄が蓄積されています。これらの元素が何のために歯舌にため込まれているかは分かっていませんが，歯舌は生体に有害な重金属などを貯めて捨てるための「ゴミ箱」ではないかという考えもあります。

その他にも，イカは肝臓にカドミウムやウランを，ホタテはひもにカドミウムを，カキは軟体部に亜鉛を，シャコガイは腎臓にカルシウムやリンを，海藻類ではコンブはヨウ素を，ヒジキはヒ素をため込むことが知られています。しかし，これらの元素が生き物の体内で果たしている役割についてはよく分かっていないのです。

では，このような生き物は，どのようにして海水から体内に元素を取り込んでいるのでしょうか？　生き物は，海水中の元素濃度が細胞の中よりも高い場合には，濃度勾配により受動的に，低い場合には担体などの細胞内に物質を運び込む機能を使って能動的に，海水中から直接，元素を細胞の中に取り込みます。また，他の生き物を食べて生活している生物では，食物連鎖を通して間接的に元素を体内にため込みます（**図 32–1**）。これを生物濃縮といい，生態ピラミッドの上位の生物ほど高濃度に蓄積されていきます。

元素は，私たちの体の機能を維持するのには欠かせない存在ですが，鉛，銀，クロム，カドミウム，亜鉛，マンガンなどの重金属は，それをため込む生物を除くと，必要量以上の摂取は「毒」となります。ヒトは，重金属をため込む特別な機能は持っていませんし，生態ピラミッドの上位に位置しているため，高濃度の重金属を摂取する機会も高いといわざるを得ません。しかし，イカやタコ，ホタテ，カキを食べても，常識的な量であれば，普通は何も問題は生じません。それはなぜでしょうか？

それは，私たち生物にはさまざまな解毒機能が備わっているからです。その１つが，体内で作られる「メタロチオネイン」

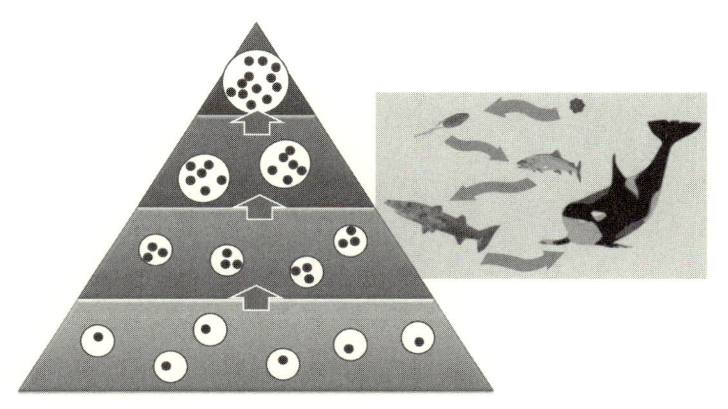

図 32-1　食物連鎖による生物濃縮

というタンパク質です。メタロチオネインは小腸や肝臓，腎臓などで発現し，カドミウムや亜鉛，鉛，銅，銀，水銀などと結合して，尿中への排泄を促します。また，金属元素はイオンや単体の形で存在すると毒性を示すものが多いので，メタロチオネインのようなタンパク質と結合した形にして，体内では安全に保たれているのです。

ただし，重金属は体内に有りすぎると「毒」ですが，少なすぎても困るものがあります。たとえば，亜鉛の欠乏は，メタロチオネインの合成を低下させるため，重金属を体外に排出できなくなってしまいますし，味覚障害や皮膚病の原因にもなります。特別な生物を除いては，体の機能維持に，元素は必要量よりも多すぎても少なすぎてもいけないのです。

参考文献　1）大越健嗣編：海のミネラル学—生物との関わりと利用—，成山堂書店（2007）

深海は生物も棲まない暗黒の世界なのですか？

question 33

喜多村 稔

太陽から降り注ぐ光のうち，赤色光のほとんどは海面付近で吸収されます。一方，青～緑色の光は比較的深くまで達し，外洋では200m程度まで植物プランクトンが光合成を行える程度の光量が達します。さらに，1,000m程度までは微弱ながら光が達しますが，「深海は暗黒の世界」という表現はおおむね正しいものです。このような環境では生物は生きていけないという説が1800年代中頃までは支配的でしたが，現在ではさまざまな深海生物の存在が知られています。

深海生物の暮らしぶりを見てみましょう。深海には光がほとんど届かないため食物連鎖の出発点となる植物がおらず，いわば砂漠のような環境です。深海の食物連鎖はどうなっているのでしょうか。深海で撮影された映像から，無数の白い粒子「マリンスノー」が観察できます。これは表層の動植物プランクトンの死骸や糞などの集まりで，これらが深海へ沈むことで，表層で作られた有機物が深海に運ばれます。マリンスノーを食べる生物を肉食性種が捕食し，さらに大型の肉食性動物が捕食して，というようにつながっていくのです。とはいうものの，表層から降り注ぐ有機物にも限りがあり，深海は慢性的な食料不足です。そのため生物の量は少なく，それぞれの種は餌不足を克服するための工夫が必要です。いくつか紹介しましょう。

ハダカイワシやオキアミ類などは，夜間に表層に浮上して餌を食べ，昼間は再び深海に戻ります。昼間の表層は光が充分にあり，大型肉食性種に身をさらすことになり危険なため，闇にまぎれて浮上するのです。また，深海は低水温であるため代謝活性が低く保たれ，夜間にとり込んだエネルギーを昼間浪費さ

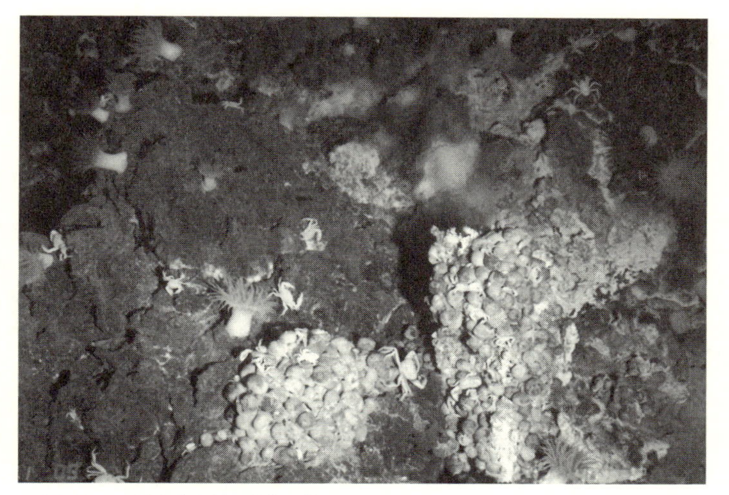

図 33-1　熱水噴出域の生物群集
写真提供：海洋研究開発機構

せない効果もあります。このような行動（日周鉛直移動）は，マリンスノーの沈降よりも格段に速いスピードで表層から深海に有機物を輸送することになり，深海生態系で重要な役割を担います。一方，深海に留まり餌を探す種は，数少ない餌生物との遭遇チャンスを確実にものにするため，それぞれハンティング能力を向上させています。単純ですが口を大きく開ける，鋭い歯を持つといった工夫は効果的です。深海は暗黒故に生物が発する光もまた有効です。チョウチンアンコウをはじめ数種の魚類は背ビレやあごひげの一部が伸びて，その先端に発光器を備え，これを点滅させることで餌をおびき寄せます。

生き残っていくには，食べられないための工夫も大切です。1,000m よりも浅い深度ではわずかながら光があり，大型の捕食者は影を頼りに餌を探しますが，小型の魚類やイカ類は体の下側に発光器を集中させ，下向きに光を発して自分の影を消します。また，ある種のエビは，敵に襲われると発光物質を放出して囮あるいは目くらましにします。これまで「深海は暗黒の世界である」と書いてきましたが，深海には数々の発光生物がおり，本当はネオンがまたたくような世界なのかもしれません。

先ほど深海を砂漠にたとえましたが，砂漠にオアシスがあるように，深海にもオアシスが存在することが分かってきました。海底には，火山活動や地殻変動に伴って，冷水あるいは熱水が湧き出る場所が数多くあります。このような場所は生物密度が高く，貝・エビ・カニ・コシオリエビ・ハオリムシなどからなる独特の生態系が築かれています（**図 33–1**）。このオアシスはどのようにできるのでしょうか。海底から湧き出す冷水・熱水にはメタンや硫化水素が含まれており，これらの化学物質を使って無機物から有機物を合成できる細菌がいたのです。海底オアシスに生息する二枚貝やハオリムシは，これらの細菌を体内に多数共生させて，有機物の供給を受けています。また，細菌を共生させていなくても，海底表面に付着する細菌を食べる種もいます。表層から降り注ぐマリンスノーに端を発する生態系は光合成生態系と呼ばれますが，このようなメタンや硫化水素の利用から始まるものを化学合成生態系と呼びます。深海のほとんどの部分は光合成生態系に含まれますが，深海底には化学合成生態系の存在がところどころ認められています。

海底に眠る鉱物資源には，どのようなものがありますか？

question 34

Answerer 鈴木 勝彦

地球の表面積の 7 割を占める海洋には，鉱物資源が豊富に存在していることがわかっています。特に深海底には，形成される場所とその環境によって，海底熱水鉱床，マンガンクラスト，マンガン団塊とレアアース泥という 4 つのタイプの海洋資源が存在します（**図 34–1**）。海底熱水鉱床は海底の火山活動地域に形成されます。マンガンクラストは海山の斜面に形成され，マンガン団塊は深海底で見つかっており，また，レアアースを多量に含んだレアアース泥は深海底の比較的浅いところに埋まっている堆積物です。

海底熱水鉱床は，海底火山活動で作られます。その海底火山の活動は地球の表面を覆うプレートの動きと深く関わっています。プレートが生まれる場所ではマントルが上昇して融けてマグマとなり，海嶺と呼ばれる火山列が形成されます。一方，プレートが移動してマントルに落ちていく沈み込み帯でも，海底火山が形成されます。沈み込みによって伊豆小笠原や沖縄トラフには盛んな火山活動が起きています。こうして形成された火山の下のマグマを熱源として生成する熱水は 300℃を超えるものも存在し，これが周囲の岩石との反応によってさまざまな金属イオンを含むようになります。そして熱水の温度が下がる，あるいは，熱水が海水と反応することによって，金属硫化物となって沈殿します。これが海底熱水鉱床です。海底熱水鉱床は，亜鉛，鉛，銅などの主要金属のほか，金，銀などの貴金属，ニッケルなどのレアメタルを豊富に含みます。

プレートが生まれる海嶺での盛んな火山活動で形成された熱水鉱床としては，銅山として知られる四国の別子型鉱床が挙げられます。硫化物は酸素が豊富な環境では，さびて溶け出してしまいます。ところが，別子型鉱床の形成時には，海洋無酸素事変と呼ばれる，酸素の少ない海洋環境の中で，硫化物鉱床は溶けずに保存されました。海嶺で形成された別子型鉱床は，プレート活動によって移動し，プレートが沈み込む際に反対側のプレートに付加しました。そして，陸の隆起で地上近くに運ばれました。一方，沈み込み帯で形成された海底熱水鉱床としては，秋田の北鹿（ほくろく）地域に多数位置する黒鉱鉱床（くろこうこうしょう）があります。この黒鉱鉱床は沈み込み帯の背弧海盆（はいこかいぼん）と呼ばれる火山活動の盛んな場所で起きた熱水活動によって形成された後，陸地の隆起によって陸上に上がったものです。

マンガンクラストは，水深500～5,500mの海山の斜面を一面に覆うように堆積した，厚さ数mmから十数cmの黒い板状の鉄とマンガンの酸化物です。マンガンクラストは，コバルト，ニッケル，テルル，レアアースなどのレアメタル，白金などの貴金属に富み，有用な鉱物資源として期待されています。特に1%を超えるコバルトを含むクラストもあり，コバルトリッチクラストと呼ばれることもあります。レアメタルの濃度は水深に伴って変化することがわかっています。マンガンクラストの成長速度は，百万年に数mmと非常に遅いため，厚いクラストは古い海山の斜面にあります。世界の主要国が国連海洋法条約に基づき，国際海底機構にコバルトリッチクラストの鉱区を申請し，探査活動を行っています。日本は，独立行政法人石油天然ガス・金属鉱物資源機構（JOGMEC）が，南鳥島東方に鉱区を取得しています。

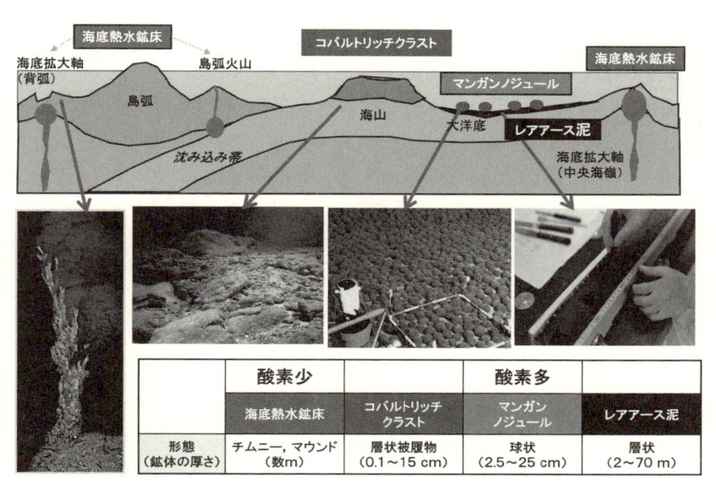

	酸素少		酸素多	
	海底熱水鉱床	コバルトリッチクラスト	マンガンノジュール	レアアース泥
形態（鉱体の厚さ）	チムニー，マウンド（数m）	層状被覆物（0.1～15 cm）	球状（2.5～25 cm）	層状（2～70 m）

図 34-1　４つの海底資源　　写真提供：海洋研究開発機構

マンガン団塊（マンガン・ノジュール）は，5,000m を超える深海底に形成される 1cm から十数 cm ほどの球形，楕円形の形状をした鉄マンガン酸化物で，ニッケル，銅やレアアースに富んでいます。マンガンクラスト同様にゆっくりとした速度で成長します。この鉱物資源は，コバルトリッチクラストと同様に海水から形成されるタイプと，海底の泥から溶け出してくる元素を濃集して形成されるタイプのものがあり，それぞれ化学組成も異なります。場所によっては海底面を覆うように敷き詰められている場合もあります。

レアアース泥は，2013 年に報告された海底資源で，5,000m を超える太平洋やインド洋の深海に存在するレアアースに富んだ堆積物です。最近の海洋研究開発機構の調査船による航海調査によって南鳥島周辺には，総レアアース濃度が 7,000ppm に及ぶ高濃度のレアアースを含むレアアース泥が見つかっています。このレアアースは，魚の骨などを構成するアパタイトに濃集していることが明らかになりました。

海の底にあるといわれる「燃える氷」の正体は何ですか？

question 35

Answerer 菅原　武

「燃える氷」（**口絵**）と呼ばれているものの正体は，「メタンハイドレート」です。ハイドレートとは英語で「水和物」という意味で，メタンハイドレートはガスハイドレート（気体包接化合物）の一種です。このガスハイドレートは，水分子でできた「かご」の中に，ゲストと呼ばれる分子が閉じこめられて（包接されて）できた固体結晶（**図 35–1**）です。見た目は，氷のように見えますが，氷とは違うものです。メタンに限らず，二酸化炭素や空気中の窒素，その他数多くの分子も，水の存在とそれぞれに固有な温度と圧力の条件を満たすことで，二酸化炭素ハイドレート，窒素ハイドレートなどを生成します。逆に，温度と圧力がその条件を満たさなくなると，ガスハイドレートは分解して，ガスと水になります。ガスハイドレートは低温度・高圧力の条件で生成し，自然界にも存在しています。

メタンハイドレートは，**図 35–2** に示すように，世界各地の海底地中や，シベリア，アラスカなどの永久凍土層に，自然に存在していることが明らかになっています。日本の近海でも，上越沖や，東海地方から四国沖にかけて広がる南海トラフと呼ばれる地帯に，大規模なメタンハイドレートの存在地帯が発見されました。詳しい調査の結果，そのうちの南海トラフの東部だけでも，日本で 1 年間に消費する天然ガス量から計算すると，10 年分の天然ガスがメタンハイドレートの状態で存在すると推定されています。世界全体でも，天然ガスと原油，石炭などを合わせた総埋蔵量の 2 倍以上あるといわれています。

では，このメタンハイドレートはどのようにしてできたのでしょうか？　材料としては，水とメタンが必要です。海底の地

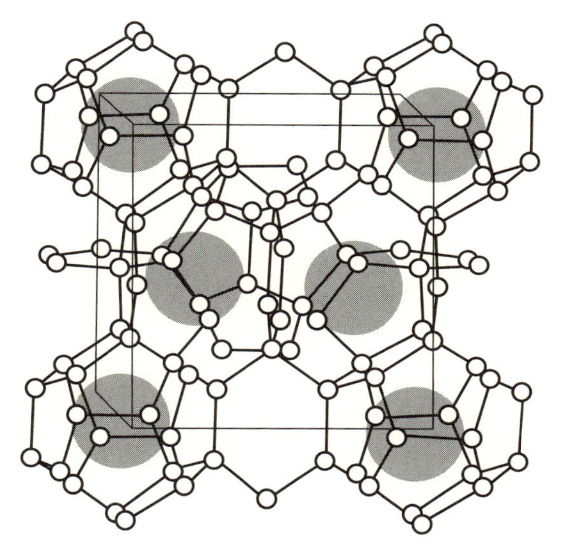

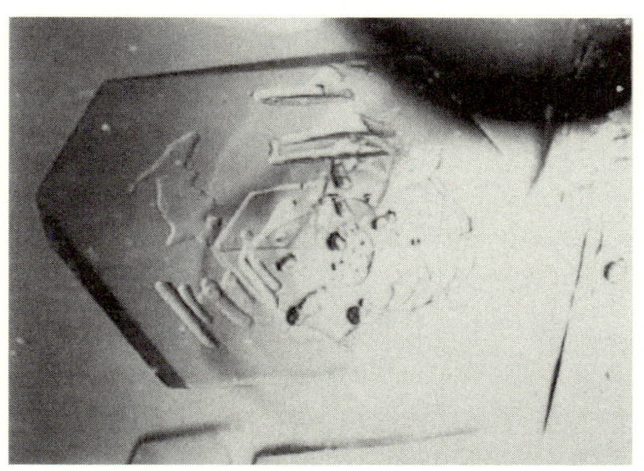

図 35-1　構造 I 型ガスハイドレートの構造模式図（上）と約 4,500 気圧で調製したメタンハドレートの単結晶写真（下）

中には地下水がありますので，メタンハイドレートができるためにはメタンが鍵を握っています。メタンハイドレートに限らず，通常のメタンは，海底の堆積層に含まれる有機物（動植物

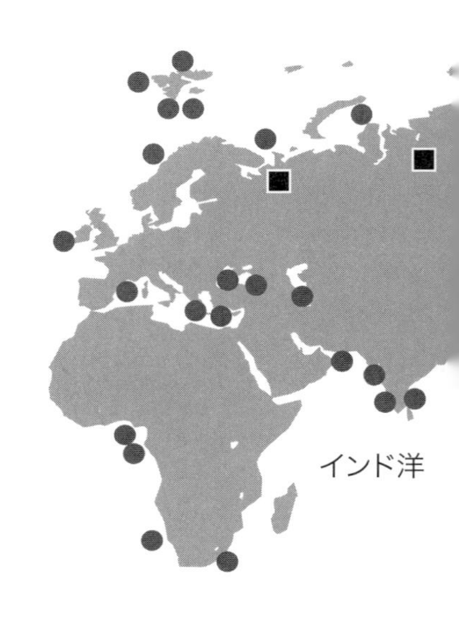

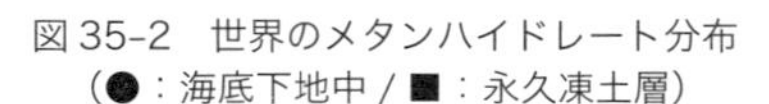
図 35-2　世界のメタンハイドレート分布
（●：海底下地中 / ■：永久凍土層）

の遺骸など）が微生物によって分解（生物分解起源）されたり，酸素のない状態で地熱によって温められたり（熱分解起源）することによってできるといわれています。こうしてできたメタンが水のあるところに集まって，地中の温度・圧力の条件がメタンハイドレートのできる条件であれば，メタンハイドレートができると考えられています。

海底の土の中に存在しているメタンハイドレートは，その周囲の温度・圧力環境が急激に変化しない限り，分解せず安定に存在します。しかし，地球温暖化現象によって気温が上昇し，海底の環境に変化が起きることで，緩やかにメタンハイドレートが分解し，メタンが大気中に放出されることが考えられます。メタンは，地球温暖化の原因になる物質として有名な二酸化炭

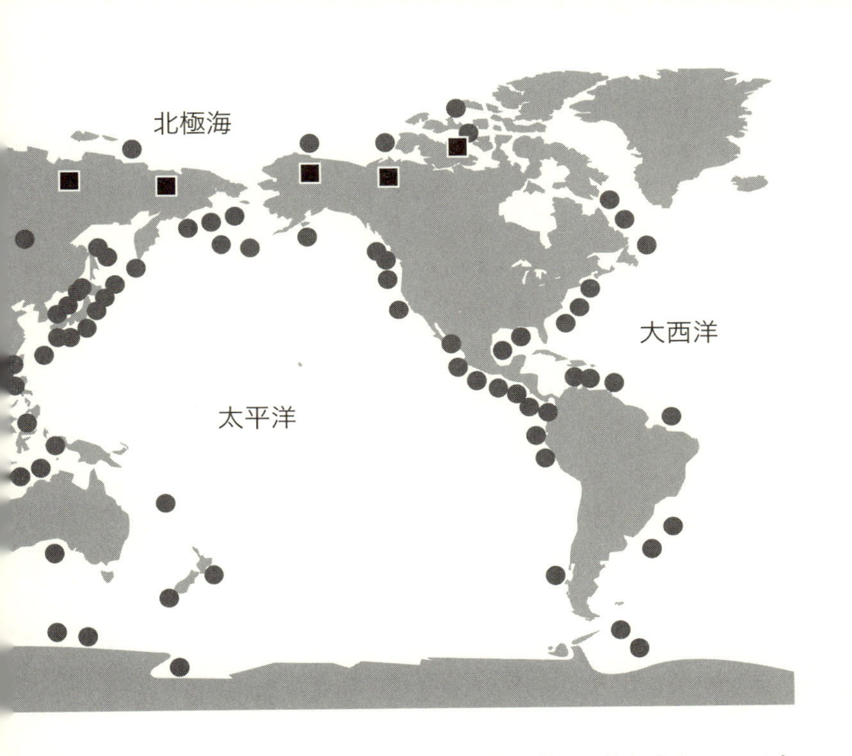

素よりも，温暖化に対して与える影響が約20倍も大きいのです。つまり，メタンが大気中に放出されることによって，さらに地球温暖化が促進されるため，大気中に放出される前に回収して，エネルギー資源として利用することが望ましいでしょう。現在，自然に存在するメタンハイドレートからメタンをとり出す研究に，日本はもちろん，世界中の研究者が取り組んでいます。

このようにメタンハイドレートは，化石燃料の乏しい日本にとって魅力的なエネルギー資源です。しかし，新たなエネルギー資源であるといっても，限りある資源に変わりはありません。エネルギー問題を解決するのは，皆さんの省資源・省エネルギーへの取り組み次第です。身近なエネルギーについて，もう一度考えてみてください。

section 4
気象・海象の疑問

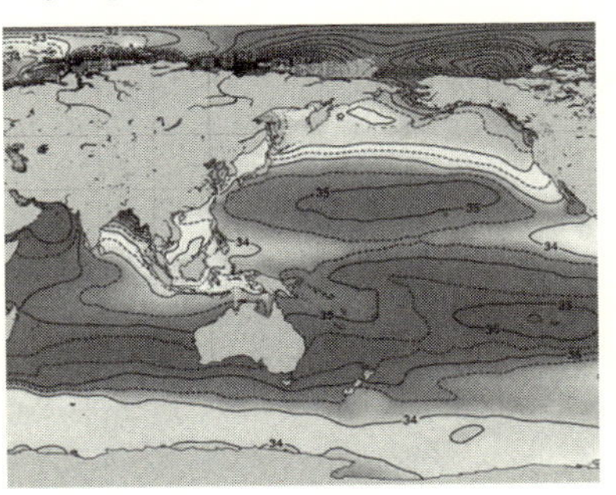

海水に溶けている二酸化炭素量はどのくらいありますか？

question 36

Answerer 須藤 雅夫

地球全体で大気中に存在する二酸化炭素の量は炭素換算で750ギガトン（Gt）（1ギガトンは10億トン）で，それが年間で3ギガトンずつ増加していると報告されています。それに対して，海洋には深層に炭素量が3万8,000Gt，表層に1,000Gtあり，合わせると3万9,000Gt以上にもなる炭素の大貯蔵庫です。そして大気と海洋の二酸化炭素の交換は，放出と吸収の両方で90Gt/年になると報告されており，人間が化石燃料の利用によって放出している5Gt/年の約20倍の変化量です。これらの点から炭素循環において海洋は非常に大きな役割を担っているといえます（**図36–1**）。

海洋での二酸化炭素交換の仕組み

二酸化炭素を含む地球規模の炭素循環過程を充分理解するのには，海洋の二酸化炭素の吸収・放出の移動速度の空間的・時間的な変化を知る必要があります。海水中の炭酸物質は，二酸化炭素（CO_2），炭酸（H_2CO_3），炭酸水素イオン（HCO_3^-），炭酸イオン（CO_3^{2-}）の4つの形で存在しています。この中で直接測定できるのは，二酸化炭素分圧（P_{CO_2}）のみです。しかし平衡定数が分かっていますので，測定可能な二酸化炭素分圧，pHなどから，それぞれの濃度を計算で求めることが可能です。

海洋は海洋表面を通して二酸化炭素の溶解，放出という物理的な過程で交換を行います。つまり，海洋の表層水の二酸化炭素分圧と，大気の二酸化炭素分圧の差を駆動力にして，二酸化炭素の交換が行われているのです。海洋表面の海水は，極域の一部の海水で冷やされて重くなり，中・深層に沈んでいき，中・

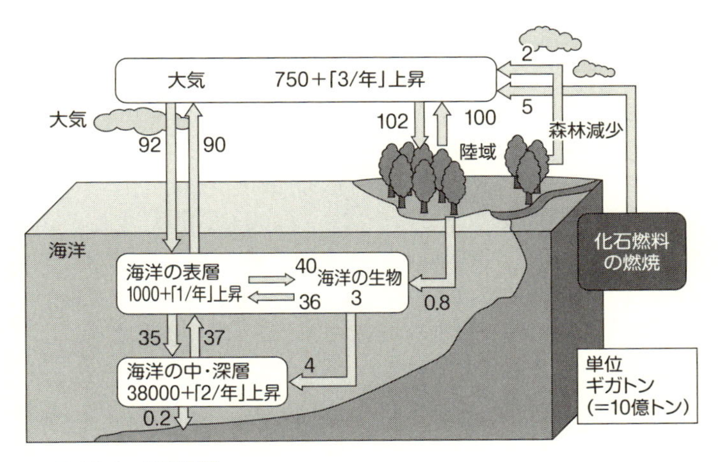

図 36-1　炭素循環

低緯度で徐々に表層に上がってくると考えられ，この流れはとてもゆっくりで，数十年から千年以上かかるといわれています。この海水に溶けた溶存無機炭素が，海洋の物理的な流れによって表層から中・深層に移動する動きは「溶解ポンプ」と呼ばれています。したがって，二酸化炭素の交換を考えるときには大気，表層海水の二酸化炭素分圧を測定する必要があります。

一方，海洋生物は海水中に溶けている無機炭素から有機物や炭酸カルシウムを生産します。生産された有機物は，転換者によってさまざまな生物や有機物に変換されながら，再び無機の炭素に分解されていき，一方炭酸カルシウムも溶解します。海洋生物の生産速度，特に光合成によって溶存無機炭素を有機物に変化させる一次生産速度は，微小な植物プランクトンだけで約 40Gt/ 年（炭素換算値）と推定されています。海洋中の溶存無機炭素の 1 万分の 1 に満たない海洋生物（3Gt/ 年）が，大気と海洋のやりとりの約半分の速度で溶存無機炭素を有機物に変化させるのです。この一次生産速度は，海洋生物の 200 倍近い量（610Gt/ 年）の陸上生物による速度とほぼ同じです。つまり現存量としては非常に少ない海洋生物が，炭素を動かす上では非常に重要な役割を示していることになります。

プランクトン群集で生産された有機物の 90％にあたる 36Gt / 年が表層海水中で分解され，中・深層には残りの 4Gt/ 年が有機物として輸送されると考えられています。この生物活動によって中・深層に運ばれる働きは，「生物ポンプ」と呼ばれています。

海洋表層の二酸化炭素分圧は場所や時間によって変化しています。海洋表層の二酸化炭素分圧の変化は 250～450ppm で，平均すると 350ppm 程度です。これは大気の二酸化炭素分圧（350ppm）にほぼ等しい値です。

地球温暖化で，二酸化炭素分圧が変化

地球温暖化に伴い，表層部の二酸化炭素分圧は上昇する傾向があります。ここで二酸化炭素分圧の鉛直分布に注目すると，表層での値は大気中に近い 300ppm 前後ですが，深くなると両者の値は大きく異なってきます。深層水の中の炭酸物質は，有機物の分解によって大きく上昇し，一方 $CaCO_3$ の析出によっては逆に減少します。二酸化炭素分圧が極大になる深さは，有機物の分解過程で消費される酸素が極大となる深さ（約 1,000m 前後）にほぼ一致します。また二酸化炭素分圧が上昇すれば pH は低くなります。そのため pH の鉛直分布は，二酸化炭素分圧と逆の関係になっています。

これらの現象以外にも，海水の物理的循環や水温の変動などによっても，二酸化炭素交換における海洋表層の二酸化炭素分圧分布は変化するため，海洋での炭素の循環量を正確に見積もり，その時空間的変動を解析することは容易ではありません。

現在，海水中に溶存する二酸化炭素分圧を測定するのには，主に平衡容器法が用いられています。まず，気液平衡器（平衡器）という装置を使って，海水中の二酸化炭素分圧と平衡状態にある空気をつくり，平衡になった空気の二酸化炭素分圧を非分散型赤外分光計などの気相の二酸化炭素分圧を測定する検出器で測定します。平衡器には主に，シャワー方式，バブル方式，透過膜方式の３つがあります。新規なリアルタイム連続計測法として，蛍光指示薬溶液の pH を蛍光の強さとして捉える光ファイバーセンシング[2]が開発されています。

参考文献
1）須藤雅夫他：海洋二酸化炭素センサー，日本海水学会誌，55，p.297（2001）
2）須藤雅夫他：ホローファイバー流通型セルによる海水溶存二酸化炭素の光センシング，日本海水学会誌，56，p448（2002）

雨が降ると海水の塩分は薄まるのですか？

question 37

Answerer 野田　寧

地球上には 13 億 5,000 万 km^3 の水が存在し，天水，海水，陸水に大きく分けられます。それぞれ全体の 0.001%，97.4%，2.60%を占めています。このうち天水というのが，雨となる雲，霧，水蒸気などの大気中の水です。海には，大気中の水が雨などにより，年間 38 万 5,000km^3 流れ込み，陸からは，氷河と河川により年間 4 万 km^3 が流れ込んでいます。一方，海からは同量の年間 42 万 5,000km^3 の水が蒸発するため，海水の塩分は，一定の濃度になっており，薄まることはありません。

ただ，この循環は全地球として見た場合であるため，実際には多く雨が降る地域，蒸発が多い海域などがあり，海水の塩分には偏りがあります。**図 37–1** は，アメリカ海洋大気庁（NOAA: National Oceanic and Atmospheric Administration）が実施している調査結果（2005～2012 年）です。海水の平均的な塩分は約 35‰（パーミル，千分率）ですが，大西洋では高く，北太平洋は平均的で，極圏では低くなっています。

海水の塩は山から（陸域起源）やってきました。地球は 46 億年前に誕生しましたが，当時の大気の大部分は，水蒸気，二酸化炭素，窒素，塩化水素ガスであったといわれています。原始地球の表面温度の低下によって，水蒸気は雨となって地表に降りました。このとき塩化水素は雨に溶けて，塩酸となり，地表の玄武岩のカルシウム，マグネシウム，カリウム，ナトリウムなどを溶かしました。カリウムは粘土鉱物に吸着され，カルシウムとマグネシウムは，大気中の二酸化炭素が海水に溶解してできた炭酸イオンと，炭酸カルシウムなどの炭酸塩となって沈殿し，海水から取り除かれました。こうしてナトリウムが海

表 37-1　平均的な河川水及び海水中の主要元素濃度（g/kg）

	Ca^{2+}	Na^{+}	Mg^{2+}	K^{+}	SO_4^{2-}	Cl^{-}
河川水	0.013	0.0053	0.0031	0.0015	0.0087	0.006
海水	0.41	10.8	1.3	0.39	2.7	19.4

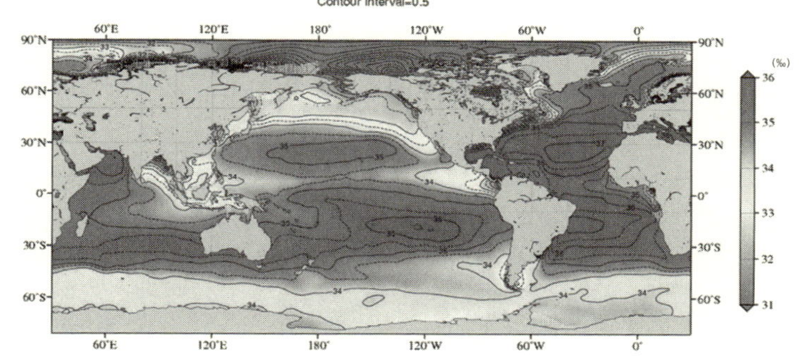

図 37-1　世界の海における表層海水の塩濃度（‰）
（World Ocean Database により描画）

水に最も多い成分となりました。

では，海に流れ込むこれらの元素により，海水の塩分はさらに濃くなっているのでしょうか。原始地球は酸性でしたが，その後，地球規模に中和され，中性に近づいたことにより雨や河川水などによって海水に溶け出す成分が変化しました。**表 37-1** は現在の平均的な河川水と海水の成分を比較したものです。河川水で溶け出す塩分は非常に少なく，最も多い成分はカルシウムです。カルシウムは炭酸カルシウムとなって除去されたり，植物プランクトンの骨格に使用されたり，さまざまな作用によって海水から除去されます。その他の多くの成分も，主に沈降してしまい海水から除去されてしまいます。では，あまり環境による作用を受けないナトリウムが河川水から流れ出し，海水中のナトリウムの濃度 10.8g/kg を約 1％上昇させて 10.9g/kg にするためには，どのくらいの年月がかかるのでしょうか。少し概算してみましょう。**表 37–1** の河川水中のナトリウムの濃度と河川水と地下水の海水への年間流入量 3 万 8,000km^3/年より 1 年間に海水に流れ込むナトリウムの量は 2×10^{11}kg と計算されます。同様に海水中のナトリウム濃度と海水量 1.38×10^{21}kg より，海水中のナトリウム量は 1.5×10^{19}kg と計算されます。海水中のナトリウム量の 1％に相当する量（1.5×10^{17}kg）を，河川水から流れ込むナトリウム量で割ることで，75 万年以上かかると概算することができます。もちろん，地球環境上では多くの現象がこの計算通りに進ませてはくれません。しかし，現在の地球環境において，陸域からの塩類の流入は，そのまま海水の成分の変化に結びつかないため，海の塩分は濃くなりません。

「赤潮」や「青潮」の正体は何ですか？

question 38

Answerer 本田 恵二

赤潮の正体は植物プランクトンの大量発生で，赤色だけとは限らない

赤潮は数ミクロンから数百ミクロンの植物プランクトンが大量発生し，一時的に引き起こされる海域の変色現象で，湖沼（こしょう）でも観察されます。沿岸や内湾では一般的に大雨による陸水の流入（プランクトンの増殖に必要な窒素やリン等の栄養塩が供給される）の後，高温で日射量が多く安定した穏やかな天候が継続すると赤潮が発生し易くなりますが，それだけでは十分とはいえず，生物的または化学的要因の他に海水の上下混合や潮流の影響等，物理的な要因も係わっており複雑です。赤潮の色は単に赤色だけでなく，褐色系統や緑色などさまざまです。中でも最も目につき易く，トマトジュース様の赤潮は夜光虫とも呼ばれるノクチルカ シンチランス(渦鞭毛藻類（うずべんもうそう）)によるもので(**図38-1**)，全国の沿岸海域で見られます。単に海面が着色するだけならば大きな問題はないのですが，赤潮原因プランクトンの中には，魚介類を大量へい死させ水産業に多大な漁業被害を及ぼすもの（有害種）や二枚貝類を毒化させひいては人体の健康を脅かすもの（有毒種），二枚貝の身を着色して商品価値を下げるといった間接的な被害をもたらすものがあります。さらに近年では海の基礎生産で重要な役割を担う珪藻（けいそう）類も，秋から冬にかけて養殖ノリの成長に不可欠な栄養塩を競合し合うため，大量発生した場合には栄養塩不足からノリの色落ち被害を引き起こす一因となる等，赤潮による被害も多岐にわたっています。

近年の有害赤潮プランクトンの主役は？

2000年以降，国内で大きな漁業被害を出している主な有害プランクトンとして，ラフィド藻類のシャットネラ（アンティカ，マリーナ，オバータ），渦鞭毛藻類のカレニア ミキモトイ及びコクロディニウム ポリクリコイデスがあります（**図38–1**）。シャットネラは特に養殖魚のブリ類に対し強い毒性を有し，1969年に広島湾で初めて赤潮の形成が確認されて以来，西日本の沿岸海域を中心に頻繁に発生しています。海水1ml中に1,000細胞程度で褐色の赤潮を形成しますが，着色のはっきりしない100細胞程度でも養殖魚がへい死することがあり，その主な原因は魚の鰓（えら）組織の損傷による窒息死とされています。では，シャットネラの何が魚の鰓を傷つけているのでしょうか？　完全に解明されたわけではありませんが，シャットネラの有する高度不飽和脂肪酸等の作用のほか，最近ではシャットネラが産生する活性酸素の影響が多くの研究者により指摘されています。一方，カレニア ミキモトイやコクロディニウム ポリクリコイデスは養殖ブリ類等のほか，天然の魚介類にも甚大な被害を与えることが知られていますが，具体的な魚毒性物質はまだ分かっていません。2001年以降，豊後水道（ぶんごすいどう）周辺海域で両プランクトンによる漁業被害を伴った赤潮が頻発しており，今後とも注意が必要です。

瀬戸内海の赤潮発生の過去と現在，そして未来

瀬戸内海で大規模な赤潮が発生して社会問題の発端となったのは1957年頃とされています。その後高度経済成長に伴う海

図中の黒線の長さは 50μm（5mm の 1/100）を示す

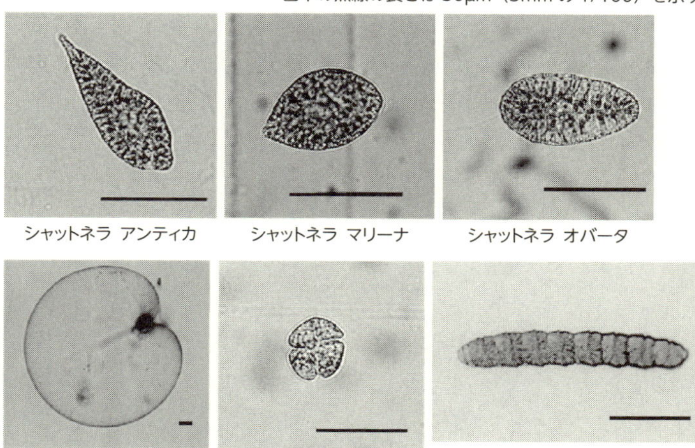

ノクチルカ シンチランス　カレニア ミキモトイ　コクロディィニウム ポリクリコイデス

図 38-1　赤潮プランクトン

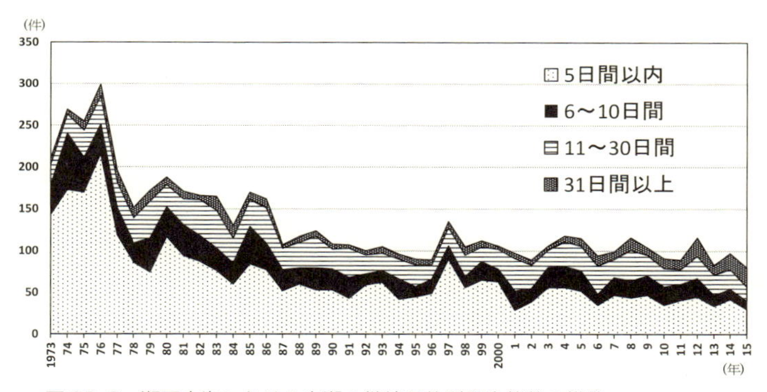

図 38-2　瀬戸内海における赤潮の継続日数別発生件数の推移
出典：平成 27 年瀬戸内海の赤潮，水産庁瀬戸内海漁業調整事務所（2016）

域の富栄養化の進行とともに，赤潮の発生件数は増加の一途を辿り，発生範囲も広域化していきました。特に 1972 年，播磨灘において大規模発生したシャットネラ赤潮で養殖ハマチに 71 億円の漁業被害が生じ，このため環境庁（現環境省）は 1973 年に瀬戸内海環境保全臨時措置法（現瀬戸内海環境保全特別措置法）を制定し，排水規制の強化により水質の改善に努めました。その結果，赤潮の発生件数はピーク時の 299 件（1976 年）から約 40 年を経て 80 件（2015 年）までに減少し（**図 38-2**），発生区域もピーク時に比べると広範囲なものから多くは局所的になっています。このように法整備により，赤潮の発生抑止に一定の効果が現れてきたことは大きな成果といえます。ただその一方で原因ははっきりしませんが，1990 年以降，海水の窒素等の栄養塩が減少傾向にあり，それとともに，漁獲量の減少やノリの色落ちが加速されるといった新たな課題も表面化しています。そのため環境省は 2015 年に法律を改正して環境保全だけでなく，水産資源の確保も含めた豊かな海の実現を目指すことになりました。容易ではありませんが，今後は海域の栄養塩をできる限りバランスよく管理していくことが一層重要になってきます。

青潮の発生源は沖合の底層水

プランクトンのミドリムシ類による赤潮（緑色）を青潮と呼ぶ場合もあるようですが，一般的には青潮の正体は次のように考えられています。青潮の発生源は主として沖合の底層水にあり，湾の奥や土砂の掘削で生じた窪地などの停滞しやすい海底にたまった有機物（プランクトンの死骸等を含む）が分解し，その際に硫化物が生成され，海水中の酸素が著しく減少します。表層の海水が風で吹かれて沖合に流れると，底層水がそれを補うように海底に溜まっていた硫化物を含む無酸素水を混合しながら浮き上がってきます。この底層水が空気に触れると，硫化物が酸化されて粒子状の硫黄が形成され，これが海水固有の色と重なりあって青白色または青緑白色に見える現象です。青潮が広域に発生した場合には，無酸素水や硫黄化合物の拡散で魚介類のへい死のほか，通常貧酸素水塊の影響を受けていない干潟でも二枚貝等の底棲(ていせい)生物の大量へい死を招くことがあります。

青潮がよく発生するのは東京湾のほかに伊勢湾（三河湾を含む）や大阪湾，また汽水(きすい)湖の中海(なかうみ)や網走湖でも発生が確認されています。東京湾や伊勢湾の発生件数は 1985 年度以降，増減を繰り返しながら長期的には減少傾向にあり，最近ではおおむね数件程度で推移しています。東京湾等に限らず，閉鎖性の強い内湾等では，富栄養化の進行を抑え，海底の窪地や沖合の海底に有機物を堆積させないような対策が必要です。

参考文献
1) 岡市友利：瀬戸内海の赤潮 40 年，瀬戸内海 No.7・8 合併号，pp.22-36（1996）
2) 岡市友利：赤潮の科学第二版，恒星社厚生閣，pp.5-6，pp.253-255（1997）
3) 西田修三：汽水域と湖沼の無酸素化と青潮現象，瀬戸内海 No.50，pp.11-15（2007）
4) 第 8 次水質総量削減の在り方について（答申），p.72，（http://www.env.go.jp/press/101783.html）
5) 今井一郎，山口峰生，松岡數充：有害有毒プランクトンの科学，恒星社厚生閣，pp.120-122，pp.139-143，pp.210-211（2016）

「磯焼け」とは どのような現象ですか？

question 39

Answerer　太齋 彰浩

陸上では緑の植物が森や草原を成し，生態系の基盤を作っています。森には木々の葉っぱを食べるさまざまな昆虫や，それらを餌とする鳥やカエルが住み，さらにはワシ・タカなどのより大きな肉食動物がやってきます。森や草原は食物を提供するだけでなく隠れ場所や住む場所でもあり，多様な生物の生活を支えています。

一方，海の中の浅い海底には，赤・緑・褐色とカラフルな海藻の森や草原が広がっています。海藻の森や草原は「藻場」と呼ばれ，そこに住むエビやゴカイを狙って魚たちが訪れ，また，アワビやウニの生育に必要な食物を提供しています。

代表的な藻場は，ダシの原料として欠かせないコンブ類が作るコンブ場，アラメやカジメといった長い茎を持つ海藻が作る海中林，浮き袋がついた葉を持つホンダワラ類のガラモ場，寒天の原料となるマクサ類のテングサ場などがあり，これらはすべて岩礁や石の上に生育します。また，砂泥底ではアマモ類がアマモ場という草原を形成します。アマモ類は，一度陸上で進化した植物が再び海中に生息場所を求めて帰っていった植物の子孫なので，海藻とは区別して「海草」と呼ばれます。

海中にも季節があり，藻場を作る海藻類の多くは水温が下がる時期に繁茂し，夏場は衰退するというサイクルを繰り返します。

ところが，この季節的なサイクルを超えて，岩礁や石の上の藻場が著しく衰退し，または消失して長期間戻らない現象が起こることがあります。これを「磯焼け」と呼んでいます。

磯焼けは海藻自体がなくなるだけでなく，それを餌とし，ま

図 39-1　宮城県南三陸町志津川湾で見られたウニの食痕

た住む場所とする多くの生き物たちにも影響を与えるため，海の恵みをいただく私たちにとっても問題となります。

「磯焼けがなぜ起きるのか？」についてはさまざまな要因があり，場所によっても異なります。

たとえば，北海道と九州では野山で見られる動植物が異なるのと同様に，海中でもその土地の水温に適した種類の海藻藻場が見られますが，何らかの原因で高水温状態が続けば，それに耐えきれず海藻が枯れてしまうことがあります。

また，海藻も植物ですので，その生育には光合成のための十分な光が必要です。海底に届く光は，海水というフィルターによって指数関数的に減衰しますので，少しの水の濁りでも海藻には大きな打撃となります。水が濁れば濁るほど海藻の生育可能水深はどんどん浅くなり，ついにはまったく生えられない状態となってしまいます。

こうした水温や海中の光環境に加え，植物の栄養となる窒素やリンなどの海域に供給される栄養塩の変化は海藻の生育や成長自体に直接的に影響し，藻場の盛衰を左右します。

さらにダイナミックな変化は，草食動物によって引き起こされます。

南日本では，ブダイやアイゴなどの草食魚類によりカジメやクロメ群落が食べ尽くされ，急速に消失した事例が報告されています。一方，北日本ではキタムラサキウニが 1m^2 あたり数十個体という高密度で生息し，アラメ海中林が著しく縮小する事例が見られています。

陸上と違い広い範囲の海底の様子を常時観察することはとても困難なので，これまでは気づいたときには磯焼けになっていた，という場合がほとんどでした。しかし，近年では研究者の情熱や潜水機材・観測機器の発達により，草食動物の影響についての確かな証拠がいくつか挙がってきています。藻場が衰退する現場には，よく観察すると特徴的な“歯形”が食痕として残っている場合があります。写真は宮城県南三陸町の志津川(しづがわ)湾で見られたウニの食痕(しょくこん)です。以前は，波に揺られるアラメの茎や葉をウニが登ってまでかじることはないと考えられていましたが，ベタ凪(なぎ)と表現されるような波がほとんどない日には，お腹をすかせたウニがアラメによじ登り，空腹を満たしていたのです。

東日本大震災の後，志津川湾ではキタムラサキウニが大量発生し，磯焼け海域の広がりが問題となっています。キタムラサキウニ自体も漁業者にとっては夏場の大切な収入源でもあるのですが，ひとたび磯焼けが発生すると餌がないのでウニの実入りが悪くなり，売りものにならなくなってしまいます。そうなると漁業者の漁獲意欲もなくなり，ウニの過密状態が解消されなくなります。悪いことにウニは飢餓にはめっぽう強く，ほとんど餌のない状態でも生き続けるので，海藻は生える端からウニに食われてしまい，磯焼け状態が長期間続くという悪循環を生んでしまいます。磯焼け海域では，漁業者の冬のボーナスともいわれるアワビも捕れなくなるので，漁村には大打撃です。この悪循環を断ち切るためには，とにかくウニを一定密度以下になるまで駆除することが必要であり，その効果的な方法について，漁協や研究者あるいは行政が一緒に検討を進めています。

このように，磯焼けは草食動物が直接の原因となる場合もあるのですが，動物の活性や分布も水温により変化しますので，地球温暖化の影響を疑う人もいます。水温が上がり過ぎれば海藻の活性は落ち，逆に草食動物の活性は上がるので，海藻にとっては 2 重のダメージとなるからです。

私たちが海の恵みを受け続けるためには，動植物のバランスが保たれ，健全な藻場が維持されることが重要です。海水温の変化や海の濁り，栄養塩供給など，どれをとっても私たちの日々の生活が海の生態系に対し，影響を与えているといっても過言ではないのです。

参考文献
1) 藤田大介，村瀬昇，桑原久実編著：藻場を見守り育てる知恵と技術，成山堂書店（2010）
2) 磯焼け対策ガイドライン
3) 川俣茂：水研センター研報，1，59-107（2001）

エルニーニョが発生すると，なぜ海水の温度が大きく変わるのですか？

question 40

Answerer　黒田 芳史

エルニーニョはスペイン語で神の男の子（幼子イエス）を意味します。これは，南米のペルー沿岸の漁師たちが，毎年クリスマスの頃に現れる赤道からの暖かい海流のことを指す言葉でした。農民には雨の訪れの前触れとなり，漁師には冷水を好む魚種から暖水を好む魚種に合わせて漁法を変えるきっかけとなっていました。いつもはペルー沿岸では，岸沿いに南から吹く風によって海水が沖に押しやられ，下層の冷温で栄養に富んだ海水が海面まで湧き上がり，良い漁場が育まれています。ところが，赤道からの暖流は数年に一度非常に発達し，暖かい海水が分厚く沿岸を覆ってしまうので，漁業に深刻な打撃を与えると同時に，内陸で多くの雨を降らせる異常気象をもたらします。

このエルニーニョと呼ばれる現象は，その後の調査によってペルー沿岸に限られた現象ではなく，太平洋の熱帯域全域の海水の動きによることが分かってきました。そしてこのエルニーニョは，東太平洋の大規模な昇温現象を指す学術的な言葉として用いられるようになりました。

普段は，西太平洋の海水が暖かい

一般に海の表層は，太陽の日射で暖められて軽くなった海水で覆われ，その下は冷たく重くなった海水が分布します。また，地球全体を眺めると，熱帯域では日射を多く受け暖められますが，地球が丸いため南極や北極に近づくほど海面に斜めに日射を受け取るので，単位面積当たりの日射の量が減り，また冷たい大気に熱を奪われて海水は低温になっています。

太平洋を見渡すと，赤道の西の端にはインドネシア，ニュー

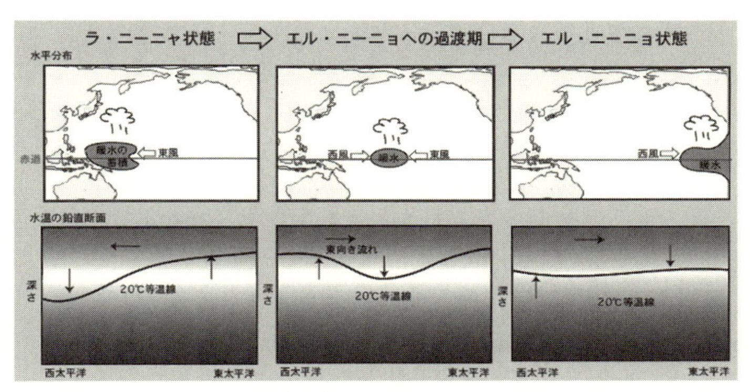

図 40-1　エルニーニョ発生の模式図。ラニーニャの時には，東風の貿易風が赤道表層の暖かい海水を押しやり西太平洋に暖かい海水が貯められる。エルニーニョはこの暖かい海水が東へ移動することで始まる。この暖かい海水が移動した場所では雲が活発に発生するので，海上ではここに向かって風が吹き込む。暖水域の西では西風が強まるので暖水域をより東に押しだす。このように大気と海洋がお互いに影響しながら，暖かい海水は太平洋の東岸まで達してエルニーニョの最盛期となる。

ギニア，フィリピンがあり，海は多くの島で囲まれています。通常，ここでは大気は広い範囲で暖められ，強い上昇気流が発生し，気圧は低くなります。海上では，風はこの低圧部に向かって吹き込むことになり，太平洋では東から西に向かって貿易風と呼ばれる東風が卓越します。この貿易風は赤道沿いの表層の暖かい海水を太平洋の西の方に押しやり，ニューギニア沖に分厚い暖かい海水の層をもたらします。また貿易風が強い東太平洋では，赤道から離れるように海水が移動するので，赤道に沿って湧昇を起こします。暖かい海水の層は非常に薄くなっているので，下の冷たい海水が容易に海面に現れ，赤道にありながら海面の水温は非常に低くなります。このようなエルニーニョと反対の状態のことを，ラニーニャ（スペイン語で女の子）と呼ぶこともあります。平年値でみると，日付変更線付近を境に，海水は西のニューギニア付近で暖かく，海面水温は 29℃にも達し，東に向かうほど低くなってペルー沖では23℃と非常に低温になっています。

暖かい海水が西風を受けて東に移動する

エルニーニョは，数年かかって西太平洋に貯えられる暖かい海水の量が増えることが発生の最大の条件です。この貯えられた膨大な暖かい海水が，少し東に移動することがエルニーニョ発生のきっかけとなります。この小さなきっかけの源として，インド洋で発生した30〜50日周期の雲の活発域が西太平洋を通り過ぎるときに10日間程度西風が強まることや，台風が発生して通り過ぎるときに西風が赤道付近で強まることなどが挙げられています。このようなとき西風で暖かい海水は少し東に移動し，大気の上昇域も少し東に移動します。大気の上昇域が東に移動すると，暖水域の西では西風が強まるので赤道に暖かい海水が集められるとともに西風に押され暖水はさらに東に移動します。このようにして大気と海洋がお互いに影響を及ぼしあいながら，暖かい海水はペルー沖までやってきます。エルニーニョはこのようにして発生します。

この暖かい海水は，ペルー沿岸に到着したあとは，南・北アメリカ大陸の沿岸沿いに高緯度に向かって移動し，高緯度域の海水温を上げます。

こうして暖かい海水が赤道から著しく減りエルニーニョが終わります。そして，東太平洋の水温が下がると貿易風が復活し，再び西本平洋に温かい海水が貯えられるようになり，次のエルニーニョの準備が始まります。

エルニーニョが発生すると，なぜ洪水や旱魃(かんばつ)などが起きるのですか？

question 41

Answerer 黒田 芳史

西太平洋の暖かい海水が，世界中の大気を動かしている

エルニーニョが起こっていない年には，西太平洋のニューギニアからフィリピン沖にかけての広い範囲で，海面水温が29℃以上の暖かい海水が，海面から100mの深さにわたって分厚く貯えられています。これは外洋としては，世界で一番海面水温が高い場所です。

この高い海面水温で暖められた大気は軽くなり，上昇気流が活発になります。また，暖かい大気は，冷たい大気よりもより多くの水蒸気を含むことができます。この水蒸気を含んだ大気は，上昇したときに冷やされると水蒸気から雨滴に変化しますが，そのときに凝結熱(ぎょうけつねつ)を出しますので，その場所の空気を暖めます。上空の周りの空気は冷たく重いので，暖められて軽くなった空気はどんどん上昇して，高度1万～1万5,000mにまで達します。もちろん雲の下では多量の雨をもたらします。この雲は，日本の夏の夕立をもたらす背の高い入道雲（積乱雲）と同じ種類の雲です。熱帯では非常に広い範囲で積乱雲が活発に立つので，この地域一帯で上昇気流に伴って海面では気圧が下がります。海上ではこの空気の上昇を補うように，西太平洋の広い範囲にわたる気圧の低い地域に風が吹き込むようになり，太平洋熱帯域では東風の貿易風をもたらします。

逆に高度1万m以上のところでは，水蒸気を使い切ってそれより高くは上がれなくなった乾燥した空気は，横の方向に押し出されます。たとえば北に運ばれた乾燥した空気は，冷やされながら地上まで降りてきますが，この空気が沈み込んだところが太平洋高気圧（小笠原高気圧）と呼ばれる高圧部となります。

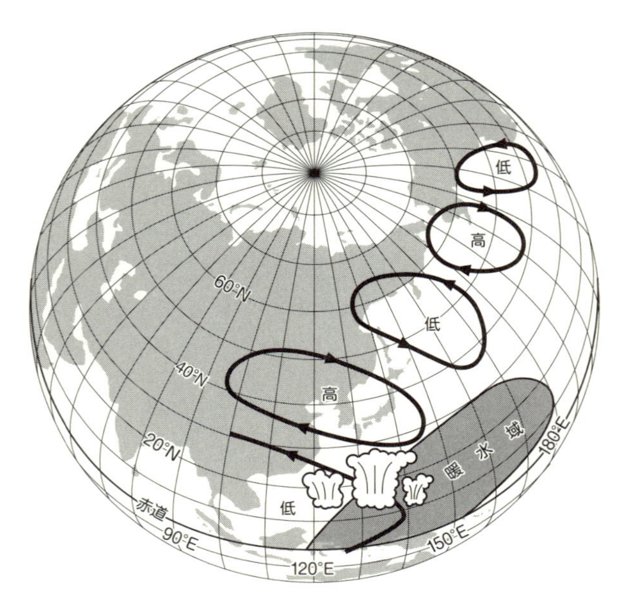

図 41-1　PJ テレコネクションパターンの模式図
エルニーニョが発生していない通常年の西太平洋の暖かい海水の分布と，その時に現れやすい日本の暑い夏の気圧のパターン。エルニーニョ発生時にはこの暖かい海水が赤道沿いに東に移動するので，日本を覆う高気圧も東に移動して冷夏になりやすい。
(Nitta, T., 1987: J. Meteor. Soc. Japan, 65, 373-390)

平年では太平洋高気圧は日本を覆い，暑い夏をもたらします。

このように西太平洋からインドネシアにかけての暖かい海水の分布域は，海面付近の空気を，広い範囲で非常に高いところまで一気に押し上げるので，世界中の大気を動かすエンジンのようなものであるといわれています。

暖かい海水の移動が世界の気圧パターンを変える

エルニーニョが起こると，この暖かい海水が東太平洋まで移動しますが，大気の上昇域（低圧部）もこの暖かい海水とともにに東太平洋に移動します。そこで，熱帯域で今まで雨が多かったインドネシアやニューギニアでは雨が極端に少なく旱魃（かんばつ）になり，森林火災を引き起こしたり，サトウキビやコーヒー豆の生産に被害を与えます。逆に，ペルー沖の海面水温が上がるのに伴って南米の太平洋沿岸地域に激しい雨をもたらし，洪水を引き起こしたりします。

このようにエルニーニョの影響は直接的に熱帯の気候を変えるだけでなく，遠く離れた亜熱帯や温帯の気候にも大きな影響を与えます。たとえば，エルニーニョになると，日本では冷夏・暖冬になるといわれています。その理由は次の通りです。

エルニーニョが起こるときには，ニューギニア沖からフィリピン沖にかけての熱帯での低圧部が東太平洋に移動するので，亜熱帯の太平洋高気圧の位置も東に移動します。そうすると，日本は通常の年には太平洋高気圧に覆われ暑い夏となるのですが，エルニーニョのときには太平洋高気圧の縁に位置することになり，その結果梅雨前線が北に上がる時期が遅れたり，台風の通り道になったりして冷夏傾向になります。その意味では，遠く離れたフィリピン沖の海面水温と雲の多い少ないが，日本の夏の気候を決めていることになります。また，冬には，日本の上空にも流れているジェット気流の位置にも影響を与えて，シベリアからの寒気の流れ込みをさえぎるようになり，暖冬傾向になります。

このように，エルニーニョは世界の大気の気圧パターンを長期間変えてしまうので，世界中に異常気象をもたらします。

section 5
海の環境の疑問

海にある自然の浄化作用とは，どのような働きですか？

question 42

Answerer　多田 邦尚

海の浄化能力は大きく物理・化学的作用と生物の作用によるものの２つに分けて考えることができます。物理・化学的作用には，海に入った物質が大量の海水と混ざることにより薄まる「希釈」という現象が挙げられます。また，ある物質が河川などを通して海に流入した場合に，河川水と海水との塩分やpHなどの違いによって，海水中で粒子として海底にまで沈んでゆく（沈降・沈殿する）ことや，あるいは海水中の粒子や海底の岩や泥などに吸着されることもあります。これらは物質が海水中から除去されてしまうという現象です。この「希釈」，「沈殿」，「吸着」といった物理・化学的な浄化作用も無視はできませんが，実は海で最も重要なのは生物による浄化作用です。

生物による海の自然浄化作用は，狭い意味では，「海水中の有機物が主に細菌（バクテリア）によって分解されること」と定義できます。「有機物」は，ここでは生物に由来する物質と考えてください。たとえば，生物の死体や糞尿，落ち葉や枯れ枝も有機物ですし，生活排水や農業排水の中にもさまざまな有機物が含まれています。環境中にこれらの有機物が放出されると，微生物の分解作用によって，有機物は無機物へと形を変えることになります。一方，有機物が分解されることによって生じた窒素やリンなどの無機物は，海水中で非常に微小な植物プランクトンや大型の海藻類に取り込まれます。そして植物プランクトンは動物プランクトンに，動物プランクトンは小型魚に，小型魚は中型魚，さらに大型魚にといった「食う，食われるの関係」つまり「食物連鎖系」によって，物質循環が生まれ自然界はきれいに保たれているということになります（**図 42–1**）。

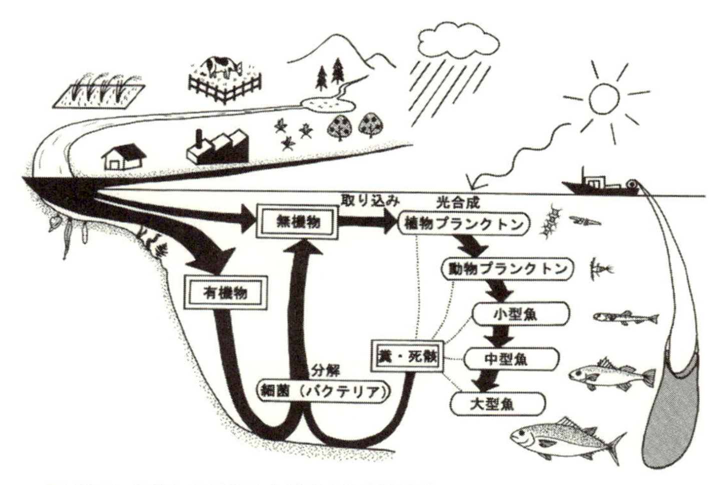

図 42-1　生物による海の自然浄化と食物連鎖

図 42-2　愛知県三河湾の六条潟
（香川大学瀬戸内圏研究センター撮影）

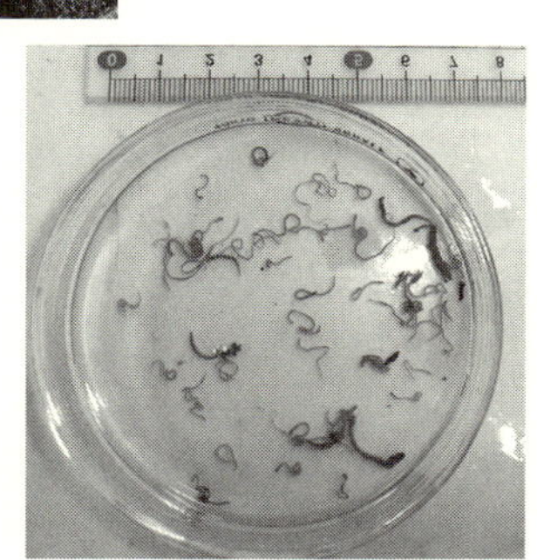

図 42-3　浅海域の海底に生息する多毛類（ゴカイなど）
（香川大学瀬戸内圏研究センター撮影）

また，海の中での浄化作用以外にも，私たちにとっては身近な海につながる干潟や河口の浄化作用が注目されています。干潟などの浅海域では，細菌だけでなく，干潟の泥や砂の中，あるいは浅海域の海底に生息するゴカイなどの底生生物(ていせいせいぶつ)（ベントス）も浄化作用に大きな役割を果たしています。

このように，海水中の生物が海の浄化作用に果たす役割は非常に大きいのです。これらの仕組みは，海の自浄能力ともいわれていますが，これは「自然は自分で自分をきれいにする能力がある」と考えるべきでしょう。つまり，系外から入ってくる異物を浄化するというよりは，元々系内のゴミ（たとえば海の生物の糞や死骸）を処理する機能を持っているということです。

しかし，これらの浄化能力にも限界があり，決して無限のものではありません。海が有機物を浄化しきれなくなったとき，海は生物の棲めない環境となってしまう可能性があるのです。それは，有機物が分解される際には，海水中に溶けている酸素（溶存酸素）が消費されるためです。海に大量の有機物が投入された時には，分解のためにこの酸素が使いつくされてしまい，貧酸素あるいは無酸素の状態になって，生物が棲めない環境となる海域ができてしまうのです。また，有機物ならなんでも微生物や底生生物が分解できるというわけではなく，プラスチックやビニールなどの人工有機物はほとんど分解されません。さらに，有機物の分解作用の結果，窒素やリンなどの無機物が大量に生成したり，あるいは，海に大量に流れ込んだりすると，植物プランクトンが増えすぎて，富栄養化や赤潮の発生を招くことになります。

海底は海の環境とどんな関係がありますか？

question 43

Answerer 多田 邦尚

海洋では，絶えず物質が出たり入ったりしている

「海洋は閉じた系ではない」とよくいわれます。つまり，海洋には常にある量の物質の供給と除去が起こっているのです。海洋を大きな水槽にたとえて考えると，その水槽への物質の供給と除去の収支は釣り合っていて，安定していることが分かっています。さらに水槽の中の海水はよく混合されていて，その結果として，海水の化学組成が変化することなく一定に保たれています。これを定常状態（ていじょうじょうたい）と呼びます。しかし，逆の言い方をしますと海水成分が一定に保たれ変化しない背景には，激しい物質の動きがあるのです。つまり，海水の成分は見かけ上は変化していないのですが，海水には絶えず，物質が出たり入ったりしているわけです。

海洋には物質の出入りが活発な場所が３つあります（**図 43–1**）。それは，①河川と海洋の界面（河口域），②大気と海洋の界面，そして③海水と海底の界面です。河口域では河川からさまざまな物質が海洋に流入します。また，大気と海洋の界面では大気中から雨やエアロゾルと呼ばれる粒子が海洋に運ばれてきたり，逆に海洋から蒸発などで大気中に物質が出ていったりします。ここでは，③の海水と海底との界面での物質の出入りについて，詳しく見てみましょう。

海底に溜まった有機物が分解され，海水中に溶け出す

海水の中ではさまざまな海洋生物の死骸を起源とするマリンスノーと呼ばれる粒子が海の中を沈降しています。海底は，沈降してきたものの「溜まり場」なのです。溜まった物質の中に

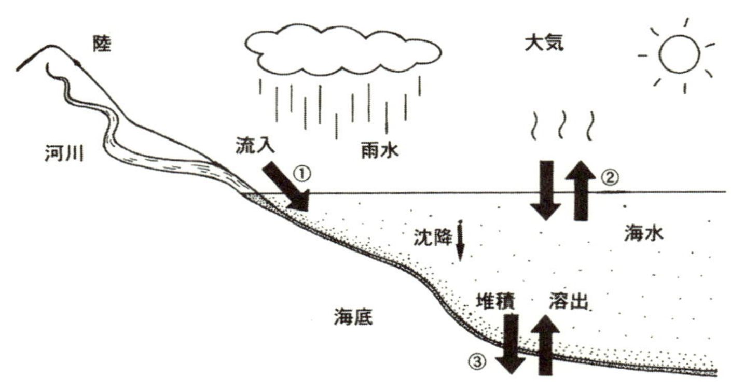

図 43-1　海洋における物質の出入り

は堆積物内へと埋没してゆくものがあります。これは前述のように，海洋を大きな水槽にたとえると，その水槽からの物質の除去が海底で起きているということです。また，堆積物中の酸素が多くなったり少なくなったり（酸化・還元状態が変化）すると，吸着したり溶け出したりする物質もあります。一方では，一度海底に溜まったものが分解して再び海水中に溶け出す場でもあります。すなわち海底では海水と海底の堆積物との間で物質が活発に出入りしているのです。

それでは，海底と生物由来の物質（有機物）の循環について考えてみましょう。海底の堆積物には，海水中で分解を免れて海底にまで到達したさまざまな有機物が溜まっています。海底での有機物の分解の主役は，海底堆積物の中に棲む細菌（バクテリア）です。また，忘れてはならないのは，海底に棲むベントス（底生生物（ていせいせいぶつ））と呼ばれる生き物たちです。細菌やベントスは有機物を分解し，その結果生じた無機物は海水の中に再び溶け出します。海底の様子を私たちは直接目で見ることはできませんが，そこでは活発な生物活動によって海底に溜まった有機物の分解が起こっています。水深が数百 m から数千 m もあるような深いところでは，海洋の底層水と表層水は容易には混合しませんが，これが，水深が数ｍから数十ｍ程度の浅い沿岸海域などですと，海底の堆積物から海水中に溶け出した物質は容易に表層まで到達します。一般に海洋では植物プランクトンと呼ばれる小さな生物が，太陽の光が届く表層部に留まって光合成をしています。しかし，植物プランクトンにとっては，光合成に必要な窒素やリンなどは不足しがちで，その光合成は制限されています。この不足しがちな窒素やリンなどの「栄養塩」を海洋の表層部に供給するのは，主に陸上からの流入と海底からの溶出です。特に瀬戸内海などの浅い海では，海底からの栄養塩の溶出が植物プランクトンの成長に大きな役割を果たしていると考えられています。一方，海底で有機物が分解される際には，海水に溶けている酸素（溶存酸素）が消費されます。したがって，海底付近での溶存酸素濃度は低くなります。特に，浅い海では，海底に多量の有機物が蓄積すると酸素消費が進み，海底付近が酸化状態から還元状態へと変化し，ヘドロが溜まるなど，海底の生物が生息できなくなったりすることがあります。

以上のように，海水と海底との界面での物質の出入りは，海水中の物質の動きを考えるうえで大変重要であり，また，水深の浅い海では海底から供給される栄養塩などが，表層の植物プランクトンの増殖に大きく影響しているのです。この植物プランクトンが海の食物連鎖の土台となり，ひいては水産漁獲量を支えているといえるのです。

山が荒廃すると，なぜ海の環境に悪い影響を与えるのですか？

question 44

Answerer　太齋 彰浩

三陸沿岸や紀伊半島に見られるようなギザギザと入り組んだ起伏の激しい海岸は，リアス式海岸またはリアス海岸と呼ばれ，海と山の密接なつながりを感じることができる場所の１つです。

リアス式海岸では，入り組んだ静穏な地形を利用して養殖業が盛んなところが多く，宮城県南三陸町にある志津川（しづがわ）湾もその一例です。

この湾で養殖されている魚介類は，カキ，ホタテ，ホヤ，ワカメ，ギンザケと多岐にわたります。

このうち，カキ・ホタテといった二枚貝や，三陸特産のホヤ（マボヤ：脊索動物門）は濾過摂食者（ろかせっしょくしゃ）であり，海水中の植物プランクトンを濾（こ）しとって食べます。

餌となる植物プランクトンにはさまざまな種類がありますが，いずれも海水中の栄養分を吸収し太陽の光で光合成をして勝手に増えてくれるので，漁業者はカキやホタテをつるしているだけで良く，効率的な養殖方法といえます。

植物プランクトンが吸収する栄養分のことを「栄養塩（えいようえん）」と呼んでいますが，この栄養塩が枯渇すると植物プランクトンも増えることができなくなり，カキやホタテなどの養殖物にも餌不足が生じます。

この栄養塩はどこからやってくるのでしょうか？実は，陸域由来のものが非常に重要です。

栄養塩には，植物の３大栄養素ともいわれる窒素・リン酸・カリウムをはじめ，ケイ素や鉄などのほか，微量な元素も含まれます。これらは，森や田畑に降った雨水に溶け，川の流れに乗って海まで運ばれます。この途中ではもちろん人間の生活から出る家庭排水なども合流します。こうして海に流れ出た栄養塩を元に植物プランクトンが増殖します。実際に植物プランクトンの増殖の指標となるクロロフィル量を計ってみても，河口付近は高い値を示します。

植物プランクトンが取り込む栄養塩はプランクトンの種類によっても異なり，たとえばカキやホタテの成長にとってよい餌となる珪藻類は，ガラス質の殻を持つため，ガラスの原料としてのケイ素が増殖に不可欠です。一方，渦鞭毛藻類も代表的な植物プランクトンのグループですが，こちらは増殖にケイ素を必要としません。この渦鞭毛藻の仲間には毒を持つ種類がいて，これらを貝が食べると毒が貝に蓄積します。その貝を知らずに人間が食べてしまうと，毒によって下痢や麻痺などの症状が出てしまいます。珪藻と渦鞭毛藻は競合関係にあり，ケイ素が不足して珪藻が増えにくくなると渦鞭毛藻が増えやすい環境となります。

よって人間にとっては，珪藻が安定して増殖できる環境，つまりケイ素が安定して供給されるような環境を維持することが望ましいといえます。

ケイ素は陸上の岩石から溶け出したものが供給源ですので，これが安定して海に供給されること，つまり山からの水の流れが安定的に海に注ぐことが重要なのです。

一般に森林には水源涵養機能があり，降った雨が一度に流れ出すのを防ぐ効果があるといわれています。また，森林の土壌を通過した水は栄養塩が激増し，中でもケイ素濃度は数百倍に達したという研究結果からも，海の生態系に対する影響が示唆

図 44-1　適切に間伐したスギの人工林（左）と放置されたスギの人工林（右）

されます。

南三陸町においては町域の８割もの面積を森林が占め，そこに降る雨を集めた河川のほぼすべてが志津川湾に注ぎますので，陸域の影響がダイレクトに海に反映される環境です。ところが地元の方は口をそろえて「昔と比べて川の水が少なくなった」と言います。確かにしばらく雨が降らないと川の水が途中で途切れてしまうような河川も見受けられ，栄養塩の安定供給という視点からは問題です。以前と比べて降水量が減ったわけでもないのに，この数十年の間にいったい何が起こったのでしょうか？

その答えは，現在の森林の姿にあります。日本では，戦後の復興のためにあらゆる山に建材としてスギやヒノキの植林が行われ，国もこれを推奨しました。南三陸も例外ではなく，町内の山林は多くの部分を植林したスギが占めています。ところがある時期から外国の木材が安価に輸入されるようになり，国産材の価格が急落してしまいます。

植林した山は，そのまま放置しては良い木材が育ちません。枯れたり動物に食べられることを想定して植林密度を高めにしていますので，数回の間伐作業で適正な間引きを行う必要があります。間伐にも費用がかかりますが，日本では小規模な山主が多いため，木材価格の下落の影響でこの費用すら賄（まかな）えなくなってしまう山主が続出しました。こうして放置された杉林が日本中に生まれ，いまや50年以上が経過しようとしています。手入れのされていない森は鬱閉（うっぺい）し暗く下草もほとんど生えていません。

このような森では，降る雨のじつに2割もが地表に達せず，葉っぱにトラップされたりして蒸発してしまうといわれています。これは海への安定的な栄養塩の供給にとって大問題です。植物が体を作るために根から吸い上げ，葉から蒸散する水の量も無視できず，また下草が生えないので土壌流出や保水力の低下も懸念されます。これらのことが川の水を通して直接的に海の環境に影響を与えるのです。

南三陸町で暮らして来た人々は，こういった森と海のつながりを肌で感じてきました。東日本大震災を経験し，自然に生かされていることを再認識した人々の手により，森と海の適切な管理に基づく調和のとれた暮らし方の模索が，始まっています。

参考文献　1）村上茂樹：水利科学，324，82-99（2012）
2）深見公雄，玉置寛，和吾郎：黒潮圏科学，1，96-104（2007）

干潟がもつ大切な働きとは何ですか？

question 45

Answerer　天野 未知

皆さんは潮干狩りをしたことがありますか？　春，潮が引いた干潟でアサリなどの貝を掘る楽しい遊びです。潮干狩りでは貝を掘るのに夢中になり，他の生き物には目が行かないかもしれませんが，泥と砂が一面に広がる世界には実にたくさんの生き物たちが暮らしています。私がよく行く東京湾の干潟をのぞいてみましょう（**図 45–1**）。

干潟を見渡して，最初に気づくのは潮が引くと巣穴から出てきて活動するスナガニ科のカニたちです。小指の先ほどの小さなカニ，コメツキガニの目印は砂地に掘られた鉛筆の太さ程の穴とその周りに散らばる砂団子。砂団子はコメツキガニが砂の表面の微細な藻類（そうるい）（ケイソウ類）を食べた跡です。干潟には，他にもチゴガニやオサガニなど，スナガニ科のカニが，潮位と底質によって，きれいに住み分けて暮らしています。

泥の上をじっくりと見れば，アラムシロやイボキサゴなどの巻貝がゆっくりとはいまわり，それらの貝殻を背負ったユビナガホンヤドカリがちょこちょこと動きまわっているのも見られるでしょう。あれ，不思議なものがあります。モンブランケーキのような泥の塊とブヨブヨの鼻水のようなものは，ゴカイの仲間，タマシキゴカイの糞塊と卵塊です。干潟の泥や砂の中には，他にも驚くほどたくさんのゴカイの仲間が暮らしています。

アサリを掘っていると，アサリ以外の二枚貝も出てきます。シオフキやバカガイ，サルボウガイ，細長い形をしたマテガイなどです。掘ればザクザクと二枚貝が転がり出てくるようなところもあり，その密度の高さに驚くかもしれません。豊かな干潟では 1m^2 あたり数千もの二枚貝が暮らしているところもあ

図 45-1　東京湾の干潟，トビハゼとヤマトオサガニ

るそうで，干潟の生産性の高さに驚かされます。

潮が引いても水が残っている澪筋（みおすじ）や潮だまりでは，マハゼやボラなど魚類の子どもも観察できます。他にもイシガレイやコノシロなど，干潟は私たちが食する魚類の生育の場にもなっています。少し沖に歩いていけば，青々としたアマモ場が広がり，タツノオトシゴやヨウジウオ，ワレカラの仲間などユニークな生き物を観察することもできます。遠くに目をやれば，シギ・チドリ類が餌を食べにやってきているのも見えるでしょう。

このように多様な生き物を育み，私たち人間もその恵みを受けて暮らしていることが，干潟の大切な働きとして挙げられますが，他にも重要な働きがあります。なぜ干潟にこんなにもたくさんの生き物が暮らしているのかを考えてみると，その答えがみえてきます。

干潟は大きな河川の河口域や波の穏やかな内湾にできます。川から運ばれてくる泥や砂が堆積し，平らな泥と砂の海岸を作るのです。川の流れは泥や砂だけではなく，窒素やリンなどの栄養分や有機物も運びます。豊富な栄養と降り注ぐ太陽光によって，干潟には底生のケイソウ類や植物プランクトンなどの微細な藻類が繁茂します。これらを食べるのが濾過食者（ろかしょくしゃ）のアサリや堆積物食者のゴカイ類など，干潟の底生生物です。干潟は潮の満ち引きにともない干出（かんしゅつ）を繰り返します。栄養分と太陽光，そして酸素が充分にある環境が，干潟の豊かな生態系を支えているのです。

一方で大都会を抱える東京湾のように，川から流れ込む栄養分や有機物の量が多すぎるとどうなるでしょう。それらは生き物に利用されることなく海底に沈んだり，植物プランクトンの爆発的な増殖を引き起こしたりします。植物プランクトンもやがては死んで有機物として海底に溜まっていきます。有機物はバクテリアによって分解されますが，そのときに海水中の酸素を消費します。富栄養化が進めば海水中の酸素濃度が著しく減少し，生き物が住めない死の海になってしまうのです。

東京湾にはかつて広大な干潟が広がっていましたが，その8割以上が埋め立てによって失われてしまいました。もしも干潟が残っていたならば，干潟の生き物たちの「食べる食べられる」の関係の中で栄養分や有機物は消費され，東京湾の富栄養化は今よりも抑えられたはずです。これが干潟の浄化機能です。干潟の重要性が見直され，人工の干潟などが作られていますが，自然の干潟と同じ機能を簡単に取り戻すことはできません。大事なのは今ある干潟を失わないように守っていくことなのです。

塩害とはなんのことで，どうやって塩が運ばれてくるのですか？

question 46

Answerer 野田　寧

塩害（えんがい）には，海面から大気中に放出された海塩粒子が建造物を腐食させる現象と，農作物が塩の影響により生育障害を受け，減収や品質劣化を招く現象があります。

まず，構造物への塩害の代表として，コンクリート中の鉄筋をあげます。通常コンクリートはアルカリ性であるため，鉄筋表面に不動態被膜（ふどうたいひまく）（酸化被膜（さんかひまく））ができ，腐食抑制作用があります。コンクリートのアルカリ性低下（中性化）によって，この被膜は破壊されてしまいますが，ここに塩化物イオンが浸透しても破壊されます。不動態皮膜が破壊されると鉄はイオン化し，さびになります。このさびは体積が約 2.5 倍に増加するため，コンクリートが剥離（はくり）して，鉄筋が剥（む）き出しになり，さびの生成が加速することになります。これが，構造物への塩害です。

農作物への塩害には，塩水害，潮風害（ちょうふうがい），塩土害（えんどがい）があります。高潮，津波などにより農地に海水が侵入する塩水害は，被害が甚大となり，すぐに退水した場合でも，塩類は土壌に残留するため，除塩対策が必要となります。潮風害は台風などによる強風により，海水の飛沫（ひまつ）（海塩粒子（かいえんりゅうし））が農作物の表面に付着して，その塩分により生育が阻害されたり枯死する場合です。強風で農作物に傷がつき，そこへ海塩粒子が付着すると農作物の細胞が脱水され枯死してしまいます。高温，少雨環境下（砂漠などの乾燥地帯）では，土壌中の塩類が水分の移動とともに土壌表面に集積する現象（塩土害）があります。灌漑（かんがい）によっても起こる農業災害です。塩類が集積したとき土壌を交換する客土（きゃくど）や，集積した塩類吸収を目的とした作物を栽培する方法が実施されています。

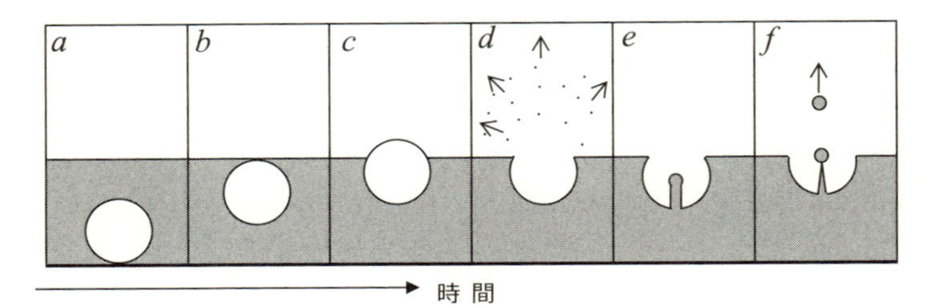

図 46-1　海水中の気泡から海塩粒子が発生する仕組み [1)]

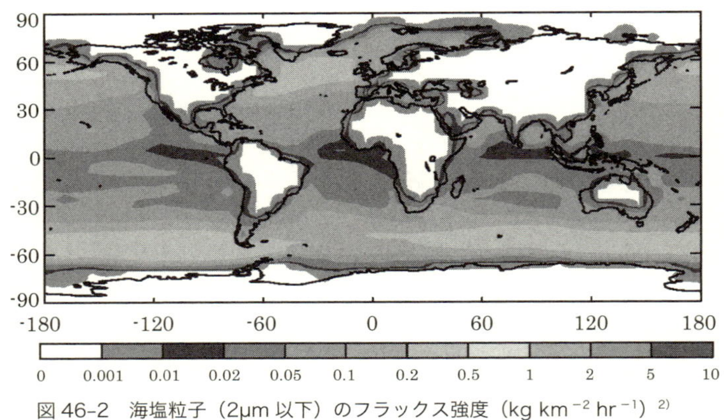

図 46-2　海塩粒子（2μm 以下）のフラックス強度（kg km $^{-2}$ hr $^{-1}$）[2)]

海塩は，数百 km もの陸地の奥まで運ばれている

津波や土壌中の塩以外に，塩が運ばれてくる原因は海塩粒子です。海塩粒子は，海面から大気中に放出された小さな液滴です。海面からちぎれたしぶきによって生成する海塩粒子は液滴が大きくすぐに海に落下します。波頭が崩れたときに海水中に取り込まれた気泡が，海面で破裂するときに微小な液滴が生成され（**図 46-1** の a～d），気泡が破裂した後に追随してできる水柱が伸長して液滴を発生させます（**図 46-1** の e～f）。これらの海塩粒子の成分は，海水とほぼ同じで，大きさは相対湿度によって変化します。

この海塩粒子は風によって運ばれます。地球海洋上での直径2μm以下の海塩粒子の年平均フラックス強度をシミュレーションした分布を**図 46-2**（口絵も参照）に示します。風が強い中高緯度で強度が高くなっています。

実際に風によって内陸まで多くの海塩粒子が運ばれます。海岸からの距離と水稲1穂に付着していた塩分付着量を台風のときに観測したデータでは，約10～15kmまで飛んでいることが分かっています。日本全土では，年間250～270万トンの海塩粒子が降下しているといわれています。また，風の強い日本海側の方が太平洋側より3倍も降下量が多いといわれています。

塩害は，構造物や農作物に被害をもたらします。海塩粒子による被害については，防御策が求められるのですが，特に灌漑などによる塩土害は，不適切な灌漑水管理などによる被害であることが多いため，人類の食糧生産において甚大な損失であり，対策が求められています。

参考文献
1）三浦和彦：海塩粒子の生成と化学・物理的性質，日本海水学会誌，61，pp.102-109（2007）
2）Intergovernmental Panel on Climate Change, IPCC Third Assessment Report: Climate Change 2001, Chaptar 5.2, Sources and Production Mechanisms of Atmospheric Aerosols, pp.295-306（2001）

海水や塩が付くとさびやすいのはなぜですか？

question 47

Answerer 佐藤 義夫

まず，さびるということの意味を考えます。銅葺（ぶ）きのお寺の屋根は時間が経つと緑色に変わります。トタン屋根は手入れをしないと褐色になります。そして，そのことを屋根がさびたといいます。なぜそうなるのかというと，金や白金などの貴金属を除く金属は，自然環境では金属の状態は不安定で，より安定な酸化物，水酸化物，炭酸塩などに変化するからです。銅葺き屋根の緑色の物質は，緑青（ろくしょう）と呼ばれる複雑な化合物で，代表的なものは硫酸銅と水酸化銅の複塩（ふくえん）〔$CuSO_4 \cdot 3Cu(OH)_2$〕です。また，トタン屋根の褐色の物質の主成分は，オキシ水酸化鉄（FeOOH）です。

このように，金属がさびることによって，銅は二価の銅イオン（Cu^{2+}）に，鉄は三価の鉄イオン（Fe^{3+}）にそれぞれ変化します。すなわち，さびるということは，金属が電子を失って（酸化されて），陽イオンになることです。そうしますと，電子の受け取り手が必要ですが，その役目を酸素がします。このように，さびるという現象は電気化学反応ですから，イオンを通す水が必要です。

金属がさびる原理

さびができる機構は，電池モデルによって説明されます。金属鉄を例にとると，次のようになります（**図 47–1**）。

［負極（アノード）では］

Fe（金属）→ Fe^{2+}（陽イオン）＋ $2e^-$（電子）

［正極（カソード）では］

H_2O（水）＋ $1/2O_2$（酸素）＋ $2e^-$ → $2OH^-$（水酸化物イオン）

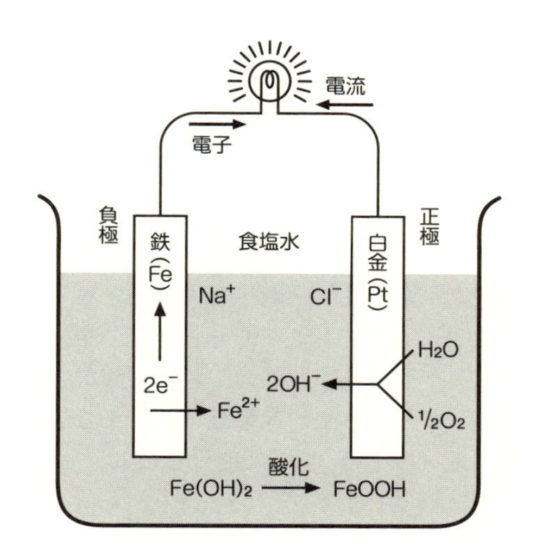

図 47-1
鉄さびの生成
の電池モデル

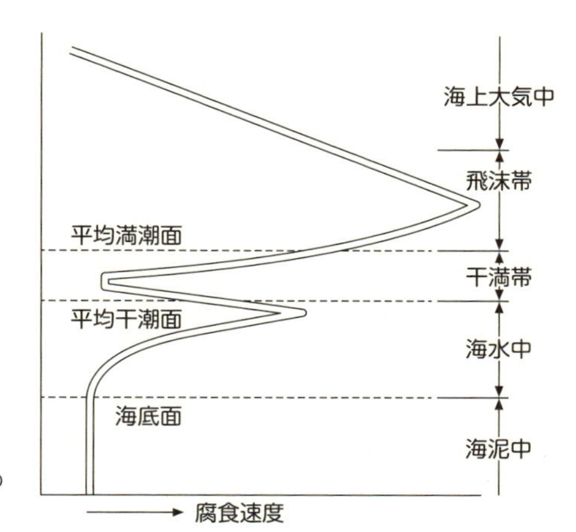

図 47-2
海中の鉄鋼の
腐食傾向

鉄が電子を失って（酸化されて）できた第一鉄イオン（Fe^{2+}）と酸素が電子を受け取って（還元されて）できた水酸化物イオン（OH^-）が結合して，水酸化第一鉄〔$Fe(OH)_2$〕になります。生成した水酸化第一鉄は，さらに酸化されて，条件により，針鉄鉱（α-FeOOH），赤金鉱（あかがねこう）（β-FeOOH），鱗鉄鉱（りんてっこう）（γ-FeOOH），磁鉄鉱（じてっこう）（Fe_3O_4）などに変化します。これが，いわゆる鉄さびと呼ばれるものです。

前述のように，鉄がさびるためには，水と酸素が必要ですが，その他にさびを促進する物質が存在します。それは，二酸化硫黄（SO_2）や塩化物イオン（Cl^-）です。二酸化硫黄は酸素と水があれば，硫酸イオン（SO_4^{2-}）に変化します。塩化物イオンがさびを促進することは，使い捨てカイロに応用されています。原材料名を見ますと，「鉄粉，水，木粉，活性炭，食塩」となっており，食塩（NaCl）が含まれています。食塩水は，木粉と活性炭に保持されて，鉄粉の間にまんべんなく分布し，鉄の酸化反応とそれに伴う発熱を，均一に，かつ穏やかに促進する働きをしています。

海塩はさびるためのすべての条件を備えている

金属がさびる原理が分かりましたので，ようやく「海水や塩が付くとさびやすいのはなぜですか？」という質問に答えることができます。

空気中に存在する海塩は，さびるためのすべて条件を備えています。海塩には，塩化マグネシウム（$MgCl_2 \cdot 6H_2O$）が含まれており，潮解性（ちょうかいせい），つまり空気中の水分を吸う性質があります。したがって，海水が付いたり，潮風に当たったりした鉄製品は，乾燥しているように見えても，常に水が存在するのと同じ状態にあります。つまり，鉄がさびるために必要な水と酸素，それに促進剤の塩化物イオンや硫酸イオンが常に存在することになります。水道水が付いた鉄製の包丁や鍋は，水を拭き取って乾燥すればさびるのを防げますが，海塩が付着した鉄製品の場合には，水できれいに洗い流した後で乾燥させる必要があります。

海岸では，鉄の腐食は，飛沫帯（ひまつたい）（海水の飛沫（しぶき）が当たる部分）で最も激しいことが分かっています（**図 47–2**[1)]）。その原因は，常に海水でぬれていること，水の膜が薄いため酸素の供給が十分であること，日照による温度の上昇，波浪による付着物の除去（新しい鉄表面が現れる）など，腐食を促進する条件が揃っているためです。また，平均干潮面で腐食が激しく，干満帯で腐食が少ない原因は，酸素濃度の違いによるマクロな電池（酸素濃淡電池と呼ばれます）ができて，平均干潮面付近が負極（Fe^{2+}が溶け出す）になり，干満帯が正極（OH^-が生成する）になるためと考えられています。海水中では，鉄の腐食が意外に少なく不思議に思われますが，酸素濃度が相対的に低いためと考えられます。

参考文献　1) Humble, H.A.: The cathodic protection of steel piling in sea water. Corrosion, 5, pp. 292-302（1949）

海水の汚染はどのくらい進んでいて，対策はとられているのですか？

question 48

Answerer 角田 出

人の活動拡大に伴って，汚染物質の種類や量は増え，海の浄化能力を超えたことで，海水の汚染が進んでいます。海水の汚染は，経路によって，陸域由来，大気由来や大気経由，船舶由来，海洋投棄によるものに，また，汚染物の種類によって，人為的につくられた栄養塩類，有機化合物，重金属，油，浮遊物質（プラスチック類など），その他（放射性物質を含む）に分けることができます。

海水は重量比にして約 3.5％の無機塩類（塩分）を含んでいます。溶存塩類のうち，塩化物，ナトリウム，硫酸，マグネシウムなどの 11 成分（主成分）で総量の 99.99％を，窒素，ケイ素，リン，亜鉛，鉄など（微量成分）が残りの 0.01％を占めています。海水の塩分は場所や季節によって大きく変化しますが，主成分の存在比に地域差や季節差はほとんどありません。一方，微量成分の分布や量は場所や季節によって大きく変化します。微量成分は海洋生物の栄養源となったり，海洋中の各種化学反応を促進したりするので，その情報は海域の生産性，海水の形成・混合や汚染過程の解明などに用いられています。

閉鎖性の強い海域への栄養塩の過剰供給と，干潟や藻場の減少などによる海の浄化能低下によって，赤潮や青潮が発生することがあります。その発生回数は，瀬戸内海や東京湾ではピーク時の半分以下に減りましたが，未だ十分な制御はできていません。また，発生海域は世界中に拡大する傾向にあり，アラスカ，オーストラリア，東南アジア，メキシコ，地中海沿岸域などでも確認されています。

有機化合物では，殺虫剤・農薬成分のジクロロジフェニルト

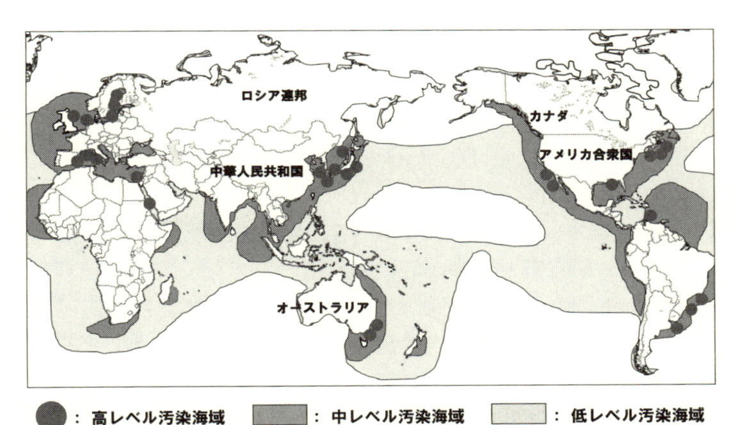

図 48-1　地球規模での海洋汚染
New York van Nostrand Rheinhold Co., 1983 より引用・一部改変

リクロロエタン（DDT），加熱や冷却用熱媒体，絶縁油などとして使われていたポリ塩化ビフェニル（PCBs），塩素含有物の低温焼却時に非意図的に生成されるダイオキシン類なども，陸域から直接または大気経由で海に運ばれ，海の生物に蓄積・濃縮され，人の健康にも害を及ぼす恐れのあることが報じられています。これらの化学物質は，生物の生死を左右するのみでなく，曝露量が少なくても催奇性や環境ホルモン様作用を示す（ホルモンバランスを乱して，生理や生殖に異常を引き起こす）可能性があり，注視すべき物質です。有機スズ化合物も，安定化剤，防腐剤，船底塗料などとして使用されてきましたが，海水中に溶出・拡散し，極めて微量でも海洋生物（巻貝の生殖機能など）に影響を与えるとの報告が相次ぎ，現在，厳しい使用制限が設けられています。また，有機水銀は水俣病の原因物質として有名です。

重金属汚染では，水銀（アマルガム法により金鉱石から金を取り出す際の加熱工程で蒸発した無機水銀が大気経由で広がり，世界規模で海水を汚染しています），鉛，カドミウム，ヒ素のように誰もが有害と認識している元素のみでなく，必須元素である亜鉛，銅などによる海水汚染も生じています。なお，イオン化した重金属は生物体内に侵入しやすく，蓄積されやすくなります。

船舶の運航に伴う廃油の流出，タンカー事故に伴う原油流出などが，海岸付近の生態系に大打撃を与えた例も少なくありません。また，プラスチック類による海の汚染も危惧されています。プラスチック類の多くは化学的に安定で，自然にはほとんど分解されず，回収されるか微細化されるまで海を漂い続けるからです。さらに，微細化プラスチック類は海水中の有害物質を吸着・濃縮しやすく，汚染の拡大を助長する恐れもあります。

放射性物質による汚染では，1986 年のチェルノブイリ原子力発電所（ソビエト連邦）事故により大気中に放出されたものが，北半球の中緯度以北のほぼ全域に広がり，日本でもセシウム 137 濃度が一時期上昇しました。福島第一原子力発電所の事故（2011 年）では，放射性物質が大気経由で陸海域に広がるとともに，浸出水などを介した海域への負荷も続いており，日本近海の海水中濃度は激減しましたが，半減期が約 30 年のストロンチウム 90 とセシウム 137 による生態系への影響を懸念する声もあります。

では，海水汚染に対して，いかなる取り組みが行われているのでしょうか？　日本でも，海洋汚染の未然防止策や防除体制の強化，油濁により生じた損害の賠償や保障制度の充実，海洋汚染防止のための調査研究や技術開発，監視や取締りの強化に関する事業が進められていますが，海の汚染問題は一国のみの努力で解決できるものではなく，国際的な取り決めに基づく対策が不可欠です。そこで，「ロンドン条約（陸上で発生した廃棄物の海洋投棄などによる海洋汚染防止）」，「マルポール 73/78 条約（船舶による汚染の防止）」，「OPRC 条約（1990 年の油による汚染に関わる準備，対応及び協力）」などが採択・発効されており，日本も周辺国と協力して地域的な海洋環境の保全を推進しています。また，環境問題に取り組む民間の非営利団体なども，環境浄化・改善に向けたさまざまな運動を展開しています。

参考文献
1）指宿堯嗣，上路雅子，御園生誠編：環境化学の事典，朝倉書店（2007）
2）国土交通省総合政策局海洋政策課（監修）：海洋汚染防止条約〈2013 年改訂版〉，海文堂（2013）

ときどき油の流出事故が起こりますが，どんな影響がありますか？

question 49

Answerer 小山 次朗

石油といわれているものにはいくつかの種類があります。その中で，海に流出することのあるものは主に原油と重油です。原油は，産油地で採れた油そのもので，これに熱を加えて蒸発したものを精製しながら，ガソリン，軽油，重油などを作ります。したがって，低温で精製されるガソリンや軽油には，低温で蒸発する成分が多く含まれていますが，重油中のそれらは多くありません。実はこの低温で蒸発する成分の一部が，水生生物に有害なのです。産油地から油を運んできたタンカーに事故が起こると原油が流出し，貨物船などに事故が起こると燃料油である重油が流出します。

流出した原油や重油は比重が軽いため海面に漂います。その間，揮発成分などが大気中に揮発すると同時に少しずつ水中に溶けていきます。水中に溶けたときの濃度が高いと魚類，動物プランクトンあるいは植物プランクトンなどの水生生物に有害な影響を及ぼします。実験で，重油を混ぜた海水にマダイの卵を入れたところ，写真にあるように体の曲がった仔魚（しぎょ）（孵化（ふか）したばかりの魚）がたくさん観察されました。その後は残った部分の比重が増してきて海底に沈み，海底の泥の中に混ざり，長期間残留します。この際，海底に生息している貝類，エビ類あるいはカニ類などの底生動物（ていせいどうぶつ）に影響を及ぼすことが考えられます。

流出した原油や重油が海岸に漂着すると，それらは岩の多い海岸では岩の表面を覆いますが，波の力で比較的早く海岸からなくなります。一方砂浜では，油が砂の中に潜り込み，そこに永く残留することも知られています。1991 年の湾岸戦争で流

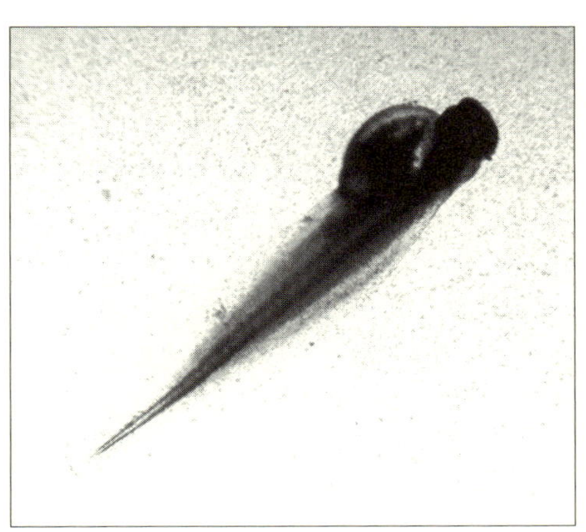

図 49-1
正常なマダイ仔魚

図 49-2
重油 - 海水混合液で奇形を起こしたマダイ仔魚

出した原油について私たちが調べたところでは，3 年後でも高濃度の石油成分が海岸の砂（深さ 12cm）の中から見つかっています。また，2006 年にフィリピンで起きた事故では，流出した重油が海岸に漂着しました。周囲の水生生物の中の魚類は泳いですぐに逃げましたが，泳ぐ能力のない貝類は油まみれになり，その一部が被害を受けました。貝類中の石油成分の濃度を調べたところ，5 年後でも事故前の数倍の濃度が検出されました。現場の調査結果から，流出油による環境汚染から回復するには長期間を要することが分かっていただけると思います。

油が流出した場合の対策にはいくつかあります。流出直後であれば，流出油とその流出元の周囲をオイルフェンスという壁で囲み，油が広がらないようにして，油を吸い込む吸着マットで流出油を回収します。大きな流出事故では油回収船が出動し，流出油を海面から回収します。また，中和剤という言葉を聞いたことがあると思います。この名前は正しくありません。正しくは油処理剤といいます。これは界面活性剤（洗剤のようなもの）とそれを溶解する有機溶媒で構成されており，油を乳化して微粒子にして海水の動きで急速に海水中に拡散させる働きを持っています。海水の動きの速い沖合などで用いた場合，その性能を発揮して海水中の油分は急速に低下しますが，海水の動きの遅い湾奥（わんおう）などでは，微粒子化した油によって海水中油分が上昇し，水生生物に悪影響を及ぼす可能性もあります。最近，微生物のパワーを使って油を分解するバイオリメディエーションという技術が注目されていますが，その有効性や分解途中の油成分の生物に対する影響などで不明な点があり，まだ本格的な利用には至っていません。今のところ，いろいろな方法で油を回収する対策が主流のようです。その中には，ボランティアの人たちの手作業による油回収も含まれます。当たり前のことですが，最良の対策は，流出事故が起こらないようにすることです。

海を汚した有害なものが海の生物に貯まるのですか？

question 50

Answerer　角田　出

汚染物質が水溶性で分解されやすいものであれば，体内に取り込まれても早々に体外に排泄され，生物体に過度に蓄積されることはありません。ただし，体内で分解を受けにくく，体内の成分と結合しやすい，質量が大きいなどの性質を持つ物質の場合，体内に取り込まれると長く残ることがあります。また，疎水性の高いものだと，生物体内の脂質などに蓄積される傾向が高くなります。さらに，「生物濃縮」によって，海水中に極めて低濃度に存在する有害物質でも，植物プランクトンや藻類から，二枚貝類や魚類，そして鳥類や海獣類へと，食物連鎖の段階を上がる毎に，体内蓄積率が著しく高まる例も多くあります。

それでは，海を汚している有害なものが生物にたまっている状況とその調査例を見ていきましょう。

海棲哺乳(かいせいほにゅう)動物は，私達と同じ哺乳類であること，海洋生態系の最上位に位置しており，寿命も長いため，海の環境評価によく用いられています。イルカの体内から，有機塩素系化合物が海水の100万～1,000万倍もの高濃度で検出された例もあり，これらの有害物質の生物濃縮による影響が危惧されています。この化合物は脂溶性(しようせい)であり，体内では90％以上が脂肪や神経組織に蓄積されます。母体内に蓄積されたこれらの物質は，数～10％程度が胎児へと移行しますが，その後の授乳期間に，母乳を通じて，数十％以上が子供に移ることが知られており，個体発生の初期における影響が懸念されています。一方，成体では，脂溶性の化学物質の有害性は，それが脂肪組織などに蓄えられているときは，それほど問題にはなりません。ただし，脂肪の分解とともに血液中に出てきたり，肝臓での分解過程で，反応性が高く，危険な中間代謝産物ができたりすることがあります。

1988年に，北海，バルト海沿岸国の海岸に大量（生息数の90％に当たる約1.8万頭）のゼニガタアザラシの死体が打ち上げられるという事件が発生しました。直接的な死因はモービリウィルスの感染であることが分かりましたが，有害物質による汚染によってアザラシの生体防御能が低下したところに，大規模な感染が起ったことで，大量死につながったと考えられています。

また，アマゾン川流域などでは，金の精練のために使われた無機水銀が河川に流入して，魚類の体内に有機水銀として蓄積されていたことが報告されています。タンザニア，インドネシア，中国などでも同様の汚染が起きています。環境中に排出されて有機化された水銀は，食物連鎖を通して濃縮され，北太平洋西部に生息するイルカの体内（主に肝臓）には，人の致死量を超える，海水の100万倍という高濃度で，南極海のウエッデルアザラシにも海水中の1万倍の濃度で蓄積されていることが報告されています。

海棲哺乳類以外にも，重金属類を濃縮する海洋生物がいます。マガキは銅や亜鉛，ホヤはバナジウム，イカは銀，カドミウムやウラン，ヒジキはヒ素などを蓄積します。特異的にある種の元素を蓄積する生物は，海洋環境モニタリングの指標生物として有望です。また，分布が広く，数も多く，盛んに摂餌する動物には，種々の有害物質が蓄積されている可能性があります。

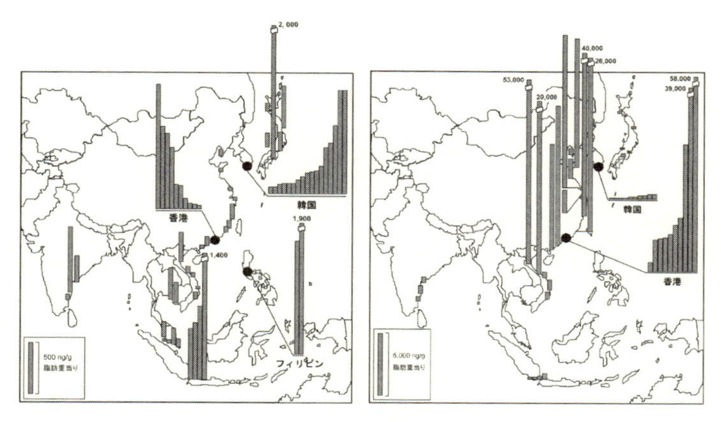

図 50-1　アジア沿岸域のイガイから検出された PCBs（ポリ塩化ビニル類：左図）および DDTs（ジクロロジフェニルトリクロロエタン類：右図）濃度の分布
Monirith I, Ueno D, Takahashi S, Nakata H, Sudaryanto A, Subramanian A, Karuppiah S, Ismail A, Muchtar M, Zheng J, Richardson BJ, Prudente M, Hue ND, Tana TS, Tkalin AV, Tanabe S（2003）Asia-Pacific mussel watch: monitoring contamination of persistent organochlorine compounds in coastal waters of Asian countries. Marine Pollution Bulletin, 46: 281-300 より引用

このような生物は海域間での汚染状況を比較するのに適しており，イガイ類を対象としたマッセルウォッチやイカを用いたスクイッドウォッチなどが広く実施されています。また，近年，ヒトデやウニなどの底生生物も，限られた海域における底層部の重金属汚染の指標生物として注目されています。

チェルノブイリ原子力発電所の事故では，1～2 か月後に日本の沿岸海水中の，半年から 9 か月後に魚類の放射性セシウム濃度が最大となりました。福島第一原子力発電所の事故では，福島県沖の海水中の放射性セシウム濃度のピークは約 1 か月後に現われますが，スズキでは 5～6 か月後に，マダラは約 9 か月後に最大値となり，食物連鎖によるセシウムの移動には時間が掛かることが分かりました。最近の調査では，原発付近の海域で捕獲されたヒラメやメバル類からは，それぞれ，規制値（100ベクレル/kg湿重量）の10分の1以下，5分の1程度と低濃度の放射性セシウムが検出されるにとどまっています。

海水中の有害物質の影響は，体内蓄積物の分析以外にも，生物体の外部・内部形態の変化，性比や生殖腺の発達状況，ステロイドホルモンの血中濃度，肝臓の薬物代謝酵素の活性，免疫に関係する胸腺や脾臓の大きさや機能，メタロチオネインやヒートショックタンパク質の量などを指標として調べられています（雄魚の血液中ビテロゲニン濃度や海棲巻貝イボニシのペニス伸長度を指標とした内分泌かく乱化学物質，いわゆる環境ホルモン汚染の調査も継続中です）。また，プラスチック等の海面漂流物については，衛星写真に加えて（小破片になってしまったプラスチックは小さすぎて，衛星写真ではとらえきれない），沿岸域や外洋域の主要な観測定線に沿った場所などで観測が継続して行われているほか，魚類，海棲の爬虫類，鳥類，哺乳類の主に死亡個体を対象にして，胃や腸内容物の調査が行われています。

参考文献
1）シーア・コルボーン他：奪われし未来 増補改訂版，翔泳社（2001）
2）宮崎信之：クジラ・イルカ・アザラシと環境汚染，化学と生物，41，pp.27-31（2003）
3）津旨大輔：福島第一原子力発電所から放出された ^{137}Cs の海洋中の挙動，Isotope News，729，pp.36-40（2015）

索 引

〔数字・欧文〕

〔あ行〕

〔か行〕

〔さ行〕

〔た行〕

〔な行〕

〔は行〕

〔ま行〕

〔や行〕

〔ら行〕

執筆者略歴　※五十音順

天野　未知（あまの　みち）
東北大学農学部 水産学科 卒業
現在：多摩動物公園 教育普及課 教育普及係長

石川　匡子（いしかわ　きょうこ）
1971 年生まれ
秋田大学大学院 鉱山学研究科 修士課程修了
博士（工学）（秋田大学）
現在：秋田県立大学生物資源科学部 准教授

大井　健太（おおい　けんた）
1951 年生まれ
名古屋大学大学院 博士課程中退
理学博士（東京工業大学）
元 国立研究開発法人 産業技術総合研究所 総括研究員

尾方　昇（おがた　のぼる）
1932 年生まれ
九州大学 理学部化学科 卒業
工学博士（東京工業大学）
元 食用塩公正取引協議会 副会長兼事務局長

尾上　薫（おのえ　かおる）
早稲田大学大学院 理工学研究科 博士課程修了
工学博士（早稲田大学）
現在：千葉工業大学工学部 生命環境科学科 教授

角田　出（かくた　いずる）
1954 年生まれ
広島大学 生物圏科学研究科 博士後期課程修了
農学博士（広島大学）
現在：石巻専修大学理工学部 生物科学科 教授

喜多村　稔（きたむら　みのる）
1971 年生まれ
東京海洋大学大学院 水産学研究科 博士課程修了
博士（水産学）（東京水産大学）
現在：国立研究開発法人 海洋研究開発機構
技術研究員

久保田　雅久（くぼた　まさひさ）
1951 年生まれ
東京大学大学院 理学系研究科 博士課程修了
理学博士（東京大学）
現在：東海大学 客員教授

黒田　芳史（くろだ　よしふみ）
1954 年生まれ
京都大学大学院 理学研究科地球物理学専攻
博士課程単位取得後退学
理学博士（京都大学）
現在：国立研究開発法人海洋研究開発機構
シニアスタッフ

小山　次朗（こやま　じろう）
1952 年生まれ
九州大学大学院 農学研究科 博士課程修了
農学博士（九州大学）
現在：鹿児島大学水産学部 名誉教授

齋藤　隆之（さいとう　たかゆき）
1954 年生まれ
東北大学大学院 工学研究科 中退（国家公務員試験合格のため）
博士（工学）（東北大学）
現在：静岡大学 グリーン科学技術研究所 教授・副所長
静岡大学 創造科学技術大学院 教授・浜松研究院長

佐藤　義夫（さとう　よしお）
1947 年生まれ
東海大学海洋学部 海洋資源学科 卒業
理学博士（東海大学）
元 東海大学 海洋学部 教授

菅原　武（すがはら　たけし）
1974 年生まれ
大阪大学大学院 基礎工学研究科 博士後期課程修了
博士（工学）（大阪大学）
現在：大阪大学 大学院基礎工学研究科 助教

鈴木　勝彦（すずき　かつひこ）
1964 年生まれ
東京大学大学院 理学系研究科 博士課程修了
博士（理学）（東京大学）
現在：国立研究開発法人海洋研究開発機構
海底資源研究開発センター 研究開発センター長代理

須藤　雅夫（すどう　まさお）
1949 年生まれ
早稲田大学大学院 理工学研究科 博士課程修了
工学博士（早稲田大学）
現在：静岡大学 名誉教授
公益財団法人天野工業技術研究所 理事

千賀　康弘（せんが　やすひろ）
1952年生まれ
大阪大学工学部 応用物理学科 卒業
博士（工学）（大阪大学）
現在：東海大学海洋学部 海洋地球科学科 教授

髙瀬　清美（たかせ　きよみ）
1982年生まれ
石巻専修大学 理工学研究科 博士後期課程修了
博士（理学）（石巻専修大学）
現在：石巻専修大学共創研究センター 特別研究員

竹松　伸（たけまつ　のぶる）
1940年生まれ
東京教育大学大学院 理学研究科 修士課程修了
理学博士（名古屋大学）
元 東海大学海洋学部 非常勤講師

太齋　彰浩（だざい　あきひろ）
1970年生まれ
筑波大学大学院 修士課程 環境科学研究科 修了
修士（環境科学）（筑波大学）
現在：デザイン・バル代表
南三陸ネイチャーセンター友の会所属

多田　邦尚（ただ　くになお）
1960年生まれ
北海道大学大学院 水産学研究科 博士後期課程単位取得退学
水産学博士（北海道大学）
現在：香川大学農学部 教授
香川大学瀬戸内圏研究センター長

谷口　良雄（たにぐち　よしお）
1932年生まれ
鳥取大学農学部 農芸化学科 卒業
工学博士（北海道大学）
元 栗田工業総合研究所長
現在：一般財団法人造水促進センター 特別技術アドバイザー

土井　宏育（どい　ひろやす）
1970年生まれ
北海道大学大学院 水産学研究科 修士課程修了
博士（農学）（鹿児島大学）
現在：公益財団法人微生物化学研究所 上級研究員

中西　康博（なかにし　やすひろ）
鳥取大学大学院 農学研究科 修士課程修了
博士（農学）（東京農業大学）
現在：東京農業大学国際食料情報学部 教授

野田　寧（のだ　やすし）
1968年生まれ
横浜国立大学大学院 工学部 博士課程修了
博士（工学）（横浜国立大学）
現在：公益財団法人塩事業センター海水総合研究所 主任研究員

橋本　壽夫（はしもと　としお）
1940年生まれ
鳥取大学農学部 農芸化学科 卒業
元 公益財団法人塩事業センター 海水総合研究所 所長
現在：ホームページ「橋本壽夫の塩の世界」運営

長谷川　正巳（はせがわ　まさみ）
1955年生まれ
東京理科大学理工学部 卒業
博士（工学）（早稲田大学）
元 公益財団法人塩事業センター 海水総合研究所 所長
現在：日本大学生産工学部 上席研究員

比嘉　充（ひが　みつる）
1961年生まれ
東京工業大学大学院 理工学研究科 博士課程修了
工学博士（東京工業大学）
現在：山口大学大学院 創成科学研究科 教授

藤田　大介（ふじた　だいすけ）
1958年生まれ
北海道大学大学院 水産学研究科 博士後期課程修了
水産学博士（北海道大学）
現在：東京海洋大学大学院 海洋生物資源学部門 准教授

本田　恵二（ほんだ　けいじ）
1958年生まれ
鹿児島大学大学院 水産学研究科 修士課程修了
水産学修士（鹿児島大学）
現在：香川県赤潮研究所 主席研究員

編集後記

本書は，2004年，株式会社工業調査会より刊行された日本海水学会編，『おもしろい海・気になる海Q&A」を基に，「海・塩・海水」にまつわる最近のトピックスも新たに加味して編纂された言わばその改訂版である。

申すまでもなく海は生命の母であり，海水・海底中には無尽蔵ともいえる資源やエネルギーが眠っており，その潜在的な魅力は，果てしがない。海面近くの海水温度が世界の気象変動に直接，影響していることも徐々に明らかとなってきた。また，2011年に東日本を襲った大津波により流出された大量の瓦礫が海流に乗り，数年の歳月を経て米国の西海岸に漂着したという深刻なニュースも耳に新しい。食卓に上る塩のような身近な話題から，このような地球規模の環境問題に至るまで，さまざまな疑問が去来しよう。

本書は，このような多肢に亘る疑問を5つの疑問にカテゴライズして章立てし，全部で50の疑問についてそれぞれその分野・領域の第一人者に答えて頂いた。本書が海水に関する興味をとくに若い方々に齎す切掛けになれば，これほど嬉しいことはない。

末筆ながら，短期間にも拘わらず期限内の脱稿にご協力頂いたすべての執筆者に，心より謝意を表します。成山堂書店の小林僚太郎様には，本書出版のご提案から企画・編集・校閲・発行に至るまで，また日本海水学会事務局の眞壁優美女史には，編集事務のみならず執筆者陣との連絡調整にも多大な尽瘁を頂きました。ここに篤く感謝申し上げます。

2017年7月17日
海の日に寄せて

日本海水学会 副会長
「海水の疑問50」出版委員会委員長
上ノ山周

編者紹介

日本海水学会
1950 年に設立された日本塩学会を前身とし 60 年以上の歴史を持っています。1965 年には領域拡大を目指して日本海水学会と改名し，「海水科学」を共通の基盤とする多くの分野の研究者が，互いに交流を深め協力し合って，地道な活動をしているユニークな学会です。
http://www.swsj.org/
（会長）**斎藤　恭一**（さいとう　きょういち）
1953 年生まれ
早稲田大学 理工学部応用化学科 卒業
東京大学大学院 化学工学専攻 博士課程修了
工学博士（東京大学）
現在：千葉大学大学院 工学研究院 教授

編著者略歴

上ノ山　周（かみのやま　めぐる）
1955 年生まれ
京都大学工学部 石油化学科 卒業
工学博士（横浜国立大学）
現在：横浜国立大学大学院 工学研究院 教授
教養教育主事 評議員
高大接続・全学教育推進センター長

※本書は平成16年6月に工業調査会より
刊行された『おもしろい海・気になる海
Q&A』を改訂したものです。

みんなが知りたいシリーズ④
海水の疑問50

定価はカバーに表示してあります。

平成29年9月8日　初版発行

編　者　日本海水学会
編著者　上ノ山　周
発行者　小川　典子

印　刷　三和印刷株式会社
製　本　東京美術紙工協業組合

発行所 株式会社 成山堂書店

〒160-0012 東京都新宿区南元町4番51 成山堂ビル
TEL：03（3357）5861　FAX：03（3357）5867
URL　http://www.seizando.co.jp
落丁・乱丁本はお取り換えいたしますので，小社営業チーム宛にお送りください。

ISBN978-4-425-83091-6